大师的菜 地道川菜

《大师的菜》栏目组 编著

U0125902

中国轻工业出版社

向大师致敬　向经典致敬

民以食为天。人类文明的历史，也是一部饮食文化发展的历史，从茹毛饮血的生食阶段到熟食阶段，人类对食材进行加工、烹饪的技艺日益成熟，逐渐形成了各种不同的烹饪方式。这些烹饪方式带有明显的民族和地域特点，不同地域、不同生产方式决定了不同的饮食习惯，造就了瑰丽多姿的饮食文化，不仅反映了不同民族、不同地域的族群性格特点，也见证了生产的发展、社会的变迁、文化的交融，成为人类文明的重要组成部分和宝贵财富，在浩瀚的文明星空中熠熠生辉，散发出迷人的光芒。

中华饮食文化源远流长、奇瑰绚丽。在漫长的历史长河中，各民族、各地区的独特烹饪方式和饮食习惯，形成了具有代表性的菜系，而川菜以其取材之广泛、调味之多样、烹饪之精巧、菜式之繁盛，享誉中外，广受追捧。

川菜菜式多样、调味多变，清鲜醇浓并重，以麻辣著称，素有"一菜一格，百菜百味"的说法。在大的川菜体系之下，又形成了不同的地域风格，川西、川东、川南、川北各地，均有不同的经典菜品。从高级筵席到大众日常饮食，从经典大菜到民间小吃，菜品繁多，花式新颖，做工精细，味型多样，层次丰富。咀嚼入腹之后，无不唇齿留香，令人欲罢不能。

川菜的烹饪技艺繁复、工巧尤胜，诸如炒、滑、熘、爆、煸、炸、煮、煨、焖、蒸等。虽然技艺繁复，但都离不开食材的选择、味道的调和，都讲求刀工与火候，讲求色、香、味、形，讲求滋味醇厚，并形成了一些具有代表性的经典菜品、独特的烹饪技艺。与此相关，也催生出了诸如郫县豆瓣、犀浦酱油、保宁醋等独特的调味品，共同构成了川菜谱系。

川菜的每一项烹饪技艺，都源于时间的积淀，散发出岁月的芬芳。川菜的每一道经典菜品，都是广大人民千百年来智慧的结晶。烹饪作为一门具有高度技术性和一定艺术性的技艺，正是一代代川菜厨师不断学习借鉴、融合创新的结果。他们在继承传统川菜烹饪技术的同时，不断求新求变，不断探索总结，书写了川菜的发展历史，不断改善和丰富了人们的生活。在川菜发展历史进程中，涌现了一批出类拔萃的烹饪大师，他们是川菜的创造者，更是川菜文化的传承者。

随着工业化与城市化进程的加快，交流越来越广泛深入，世界各地的美食云集都市，给人们的生活带来了极大的便利，甚至足不出户就可以品尝到世界各地不同的风味美食，也为川菜的借鉴、融合、创新带来了极大的方便。正是基于此，成都提出了建设国际美食之都，不失为明智之举。我们相信，这将为川菜发展带来新的机遇，更有利于川菜文化传承弘扬。但是，我们也无法否认，快节奏的生活，也对传统文化、传统技艺带来了巨大的冲击，甚至人们无法停下脚步，用传统的方法烹饪，让我们更加怀念记忆中的那份从容，和那份难以忘怀的滋味。

在长期的从业经历中，作者深感川菜的独特魅力、川菜文化的博大精深，便用心收集整理了传统经典川菜菜品的制作技艺，融合自己的经验和思考，完成了这本《大师的菜·地道川菜》，以此向历代川菜大师致敬，向深邃厚重的传统文化致敬，向滋养了我们的这片土地致敬。

是以为记。

童逊

亚洲美食文化推广大使、中式烹调高级技师、中国烹饪大师

二〇二三年春 于鹃城

自序

在阅读本书之前，我们想先讲一下关于这本书的故事。这是在大时代背景之下，一本特别的书，也是一次无心之举。

原本《大师的菜》栏目里不只有川菜。我们也曾经遍访全国各地的大师，探索各地菜系的精髓。然而，一场突如其来的疫情让一切按下暂停键，各种经典的菜系，几乎在一夜之间成了遥不可及的梦想。

但生活依旧需要被热爱，美食文化，亦是无法割舍的存在。

我们不能停下脚步，于是只能尽可能地缩短路程，在四川境内展开探索。成都、宜宾、内江、泸州、绵阳、广元、江油、乐山、郫都、雅安、彭州、大邑等，这些城市都留下了《大师的菜》栏目组的足迹。

一直到今年，万物回春，生活亦重回烟火。当我们的编导打开接近3000G的拍摄素材时，当鱼香肉丝、肝腰合炒、干煸肥肠、豆瓣鱼、冷吃牛肉、藤椒仔姜兔等近100个川菜名齐齐出现时，突然有同事说："嘿，我们居然一不小心，拍出来了一个川菜特辑。"

这一句话，让大家如梦初醒。

是的，虽然我们探索的范围被缩小了，但是同样也意味着，我们的拍摄更加聚焦和深入。这三年的川内之旅，几乎让我们完整地记录了一个菜系。当我们把时间和精力，全部投入一件事情上的时候，得到的不再是简单的成果罗列，而沉淀为了一种文化的汇聚。川菜文化，就这样被我们总结了。

任何努力都会有幸福追随。访遍四川名菜，虽然是无心之举，但现在却成就了另一种开花结果。于是，我们出了这一本属于川菜的书籍，也就是你现在手上这本。

当然，我们为此付出的努力，绝非前文同事口中轻描淡写的"一不小心"。3年中，有近300个日夜奔波于四川各个城市，向各位大师交流学习。摄影机的电池损耗了15个，储存卡用光了30张。有在夏日的川西农村里，被蚊虫反复叮咬的尴尬；也有在川南的泥泞路上，车子陷进去不能动弹的窘迫。

所幸拍摄的过程远比预想的顺利。在我们创办《大师的菜》栏目之初，每次拍摄前都需要和大师们解释，苦口婆心地劝那些原本不爱显山露水或者不善言辞的大师们面对我们的镜头。而这一次，我们惊奇地发现，经过近6年的品牌打造，"大师的菜"四个字已然成了我们拍摄的最佳通行证。

我们几乎不再需要向大师们去介绍自己是谁、为何而来，一切的前期认识过程都被自然省略。大师们和围观群众，在看到我们车上贴的"大师的菜栏目组"之后，就如同见到了老朋友一般亲切。自然破冰后，一切的拍摄都水到渠成。

有大师说，他看到过好朋友上过我们的节目；也有大师开玩笑说，你们怎么才来找到我；还有大师说，很想和你们之前节目中的某位大师进行切磋。当然也有无数的热心群众，已经把《大师的菜》作为了家中的日常"菜谱"。

做《大师的菜》栏目快6年，流量和数据已经很难打动我们。反而是这一路收获的认可和温暖，让我们渐渐清晰地认识到：联结人和人，联结人和生活，联结美食文化，始终是我们为之努力的方向。

三年前，《大师的菜》栏目组出第一本书的时候，我们写道："每个人，终究是有所怀念和依恋的，每个行业，也终究是应该有所传承和记忆的。正是怀抱着这样的信念，我们创办了'大师的菜'。"

时至今日，这一路的川菜之旅，让我们更加笃定了当时的初心。这一路，不虚此行。

最后，我们在此特别感谢四川各地的大师们，在拍摄过程中对我们工作的大力支持和配合！

《大师的菜》栏目组

2023年2月28日

目录

川西

009

锦城风流

豆瓣鱼 _ 010

超级石锅三角峰 _ 012

藤椒鱼 _ 014

干烧臊子鱼 _ 016

泡菜鱼 _ 018

磁峰麻饼 _ 020

大伞蒸牛肉 _ 024

陈皮牛肉 _ 026

连皮盐煎肉 _ 028

东坡肉 _ 030

罗汉粉蒸肉 _ 032

旱蒸回锅肉 _ 036

酒香红烧肉 _ 040

品碗 _ 042

鱼香肉丝 _ 044

肝腰合炒 _ 048

干煸肥肠 _ 050

大刀耳叶 _ 052

蚂蚁上树 _ 054

藤椒仔姜兔 _ 056

花椒鸡丁 _ 058

网油鸡卷 _ 060

鸡蒙葵菜 _ 062

啤酒鸭 _ 064

腰果鸭方 _ 066

吉庆鸭卷 _ 068

川东　烈火烹油

071

大刀烧白 _ 072　　椒香鹅什锦 _ 086
毛血旺 _ 076　　黔江鸡杂 _ 090
粉蒸肠头 _ 080　　药膳烧鸡公 _ 092
干烧岩鲤 _ 082　　尖椒鸡 _ 094
邮亭鲫鱼 _ 084　　辣子鸡 _ 096

川北　寻味蜀道

099

雪梨坨子肉 _ 100　　绵阳米粉 _ 114
金牌朱氏霸王肘 _ 104　　大刀金丝面 _ 116
刀尖丸子 _ 106　　蒸凉面 _ 118
怀胎豆腐 _ 110　　川北热凉粉 _ 122
赛熊掌 _ 112

川南　对酒当吃

125

李庄白肉 _ 126　　玉藕莲蓬 _ 148
水煮肉片 _ 130　　冷吃兔 _ 152
老坛鲊肉 _ 132　　冷吃牛肉 _ 154
蛋圆子 _ 134　　水煮牛肉 _ 156
高县土火锅 _ 138　　大千鸡块 _ 158
荔枝滑肉汤 _ 143　　附骨鸡 _ 160
绣球竹燕窝 _ 146　　香酥鸡球 _ 164

酒鬼花生	_ 166	燕窝丝	_ 180
泸州烘蛋	_ 168	火烧黄鳝	_ 182
宜宾燃面	_ 172	大千干烧鱼	_ 184
猪儿粑	_ 176	二黄汤	_ 186

小吃

189

人间烟火

甜水面	_ 190	百合酥	_ 210
担担面	_ 194	天鹅酥	_ 212
青菠面	_ 198	破酥包	_ 215
牙签肉	_ 202	凤尾酥	_ 217
酥肉	_ 204	怪味花仁	_ 219
牛肉焦饼	_ 206	龙抄手	_ 221
赖汤圆	_ 208		

川西

锦城风流

少不入蜀，老不出川。川西坝子，就是安逸的代名词。

从"蚕丛及鱼凫"到"锦城虽云乐"再到如今潜力无限的新一线，成都繁荣千年，是"水旱从人，不知饥馑"的天府之国，也是联合国教科文组织认可的"世界美食之都"。所以成都人的嘴巴除了"牙尖"，味蕾也足够挑剔。

成都菜也叫蓉派川菜，属于川菜中的上河帮菜。作为四川省会，整个西南地区最繁华的地方之一，成都是味道温和、绵香悠长的传统川菜大成之地，也是风靡全国的新派川菜开端。成都以兼容并包的态度，在传承中发展创新。

在即将翻开的川西篇章中，我们将会给大家呈现陈皮牛肉、网油鸡卷、鸡蒙葵菜等难得一见的经典老式川菜，一起去感受锦官城（成都旧称）旧时的雍容雅致，也会带大家走进寻常市井人家，体验回锅肉、豆瓣鱼、鱼香肉丝等家常风味。

从川菜高级清汤的熬制，到家常小煎小炒的调味，川西坝子会告诉你，"百菜百味，一味一格，才是川菜的底色"，绝非一把辣椒这么简单。

豆瓣鱼

　　豆瓣鱼，能唤起四川人儿时回忆的鱼。咸、鲜、微辣，构成了川菜的家常味。豆瓣鱼是其中的典型代表，色香味俱全，入口即化，浓浓的汤汁和鲜香的鱼肉完美融合，尝一口就欲罢不能。

扫一扫了解更多

大师教你做

张　云

中华老字号·夫妻肺片非物质文化遗产传承人

所需食材（食材用量仅供参考）

主料｜草鱼750克

配料｜豆瓣酱50克、姜末20克、蒜末30克、料酒15克、白糖10克、淀粉少许、
　　　醋15克、葱花25克、菜籽油适量、姜片适量、大葱段适量

做法

处理食材

1. 将鱼去鳞、去内脏，清洗干净，切一字花刀，使鱼更好入味。
2. 加入料酒、姜片、大葱段腌制10分钟左右。

炸制

3. 锅内倒油烧热用六七成的油温炸鱼，当油冒烟、温度较高的时候下鱼。炸2~3分钟，待鱼皮起皱略带金黄色时起锅。

烧制

4. 锅内放菜籽油，加入豆瓣酱炒香。
5. 加入蒜末、姜末，炒出香味后，加适量水。
6. 将鱼放入锅中，大火烧开，然后小火烧制7~8分钟，烧制过程中加料酒和白糖。煮到4分钟的时候，将鱼翻身，保证鱼的两面受热均匀。

浇汁

7. 烧至能用筷子戳进鱼肉的时候即可起锅入盘。
8. 剩下的汤汁用淀粉勾芡，加醋。
9. 待汤汁起鱼眼泡时加入葱花，将汤汁淋在鱼上。

超级石锅三角峰

　　超级石锅三角峰采用了一种非常古老的烹饪手法——石烹。用石锅和鹅卵石煮出来的鱼肉特别细嫩，营养不易流失，鲜味也完美地保留下来。超级石锅三角峰好吃的另一个关键就是秘制汤底，用老姜、八角、香叶、花椒和各种蔬菜炒出香味，加入高汤熬制后，再分别加入2种秘制酱料调制而成。

扫一扫了解更多

大师教你做

荀行健

成都工匠川菜甘肆节气非物质文化遗产传承人

所需食材（食材用量仅供参考）

主料｜三角峰鱼300克、土豆粉200克、芹菜段少许

配料｜菜籽油1500克、老姜片150克、大葱段50克、芹菜段150克、蒜100克、洋葱100克、八角适量、香叶适量、二荆条辣椒段250克、朝天椒段50克、干青花椒20克、高汤适量、香菜100克、花椒油30克、藤椒油40克、香油20克、鸡汁20克、鸡精20克、味精20克、新鲜藤椒10粒、青椒段100克

A酱｜蚝油100克、蒜头粉10克、芥末酱10克、生抽10克

B酱｜蚝油150克、生抽50克、蒜头粉15克、沙姜粉20克

做法

炒料

1. 锅里加1500克菜籽油烧至六成热，下入老姜片、大葱段、芹菜段、蒜、洋葱和适量八角、香叶爆香。
2. 爆香后加入二荆条辣椒段、朝天椒段，继续中火煸炒。
3. 炒出香味后，加入干青花椒，熬至表面略微焦黄即可。

调制汤底

4. 加2勺高汤烧开，放入香菜，熬半个小时盛出。
5. 待汤汁冷却后，将汤油分离后分别装入两个容器内备用。
6. 往分离出的油里加花椒油、藤椒油和香油搅拌均匀。水里加入鸡汁、鸡精、味精和50克A酱。
7. 将调好的油和汤再次混合，加入新鲜藤椒、青椒段和B酱搅拌均匀，得到色泽金黄诱人的秘制汤汁。将宰杀好的三角峰鱼浸泡在汤汁中。

烹制

8. 石锅铺上鹅卵石，放入烤箱烤至260℃。
9. 取出预热好的石锅，铺上芹菜段、土豆粉，把汤汁和三角峰鱼一起淋上去，利用石锅的高温将三角峰鱼煮熟。

　　利用鹅卵石的高温烹制，让三角峰鱼更鲜美、更入味。同时每条鱼都非常完整。三角峰鱼泡在蔬菜汤底中，肉质细嫩，尝一口浓郁鲜香。吃完之后的汤汁拌面、拌米饭，都很适宜。

藤椒鱼

四川人吃花椒的历史，可比辣椒长远得多。《诗经·周颂·载芟》曰："有椒其馨，胡考之宁。"到汉代已有"椒房"，取"椒聊之实，蕃衍盈升"之意。花椒入菜，已经成为川菜中再平常不过的事情，并且得益于现代物流产业的发展，新鲜花椒到厨房的距离更近了，新鲜花椒的香气得以完美地保存下来。

四川地处盆地，气候湿润，而花椒有温中行气，驱寒杀虫的作用。花椒品种繁多，有的香气扑鼻，有的清香柔和，有的肉厚味浓。从颜色上，可以分为红花椒和青花椒；从种类上，可以分为大红袍、藤椒、白沙椒等；从产地上，光是四川的"名花椒"就有金阳的青椒、江津的青椒、汉源椒、茂汶椒等。

藤椒又叫竹叶花椒，新鲜藤椒带有独特的椒麻味道，温和不刺激，持久不散。藤椒鱼就是具有藤椒香味的椒麻味型川菜。藤椒虽香，但味道并不浓烈，调料只有简单的盐和藤椒油，没有其他味道来喧宾夺主，微微的麻刺激着味蕾，像夏夜的微风令人沉醉。

扫一扫了解更多

大师教你做

谢怀德

川菜特一级烹饪大师

所需食材（食材用量仅供参考）

主料｜新鲜草鱼1000克

配料｜姜50克、葱50克、料酒20克、盐2克、菜籽油适量、泡菜100克、高汤1500克、淀粉20克、藤椒油少许，新鲜藤椒1串

做法

处理食材

煸炒

烹煮 * 中小火慢煮利于鱼片煮熟、入味。

淋油

1. 新鲜草鱼去鳃去鳞，处理干净，从中间剖成两半，去掉内脏和腹内的黑膜。

2. 宰下鱼头，用刀将鱼骨和鱼肉片开。鱼骨宰成段，鱼肉去皮，切大薄片。

3. 将所有鱼肉放入碗中，加少许姜、葱、料酒和盐腌制半小时。

4. 用刀将姜拍破、葱切段、泡菜切片，备用。

5. 锅内加少许菜籽油，将姜、葱段、泡菜片下锅炒香，炒香后加入高汤煮5分钟。

6. 舀出姜、葱、泡菜，只留汤汁。

7. 将鱼头、鱼骨放入汤中煮5分钟捞起，放在盘中。

8. 腌制好的鱼肉用淀粉拌匀，逐片下锅，加入盐和藤椒油，中小火慢煮。鱼片煮到微卷，刚好断生时，即可起锅装入盘中。

9. 将新鲜藤椒摆在鱼肉上，菜籽油烧至七成热时，舀出热油淋在藤椒上，激发藤椒的麻香味即可。

干烧臊子鱼

干烧是一种烹饪方式，主料经过油炸后，另炝锅加调料添汤烧制，成菜只见油亮而不见汤汁，烹调过程中一般都会加辣酱和肉末。臊子是剁好的肉末或切好的肉丝，加各种调料炒制而成，风味独特，保质期长，可以直接配米饭、面条食用，也可以用来做菜。

传统做法中，一般都是整条鱼改刀下锅，但是李太明大师带来的这道干烧臊子鱼却只取中段鱼肉，去骨去刺再改刀下锅。

扫一扫了解更多

大师教你做

李太明

特级厨师

所需食材（食材用量仅供参考）

主料｜中段鱼肉750克、芦笋150克

配料｜猪肉150克、芽菜15克、姜10克、蒜10克、大葱100克、盐1克、料酒30克、菜籽油100克、泡椒20克、高汤400克、生抽10克、老抽15克、胡椒粉2克、干淀粉少许

做法

食材处理

1. 取中段鱼肉，去骨去刺，改菱形花刀。
2. 将猪肉剁成肉末，芽菜、姜、蒜切碎，将大葱的葱叶和葱白分别切好备用。
3. 用姜、葱叶、盐、料酒将鱼肉腌制20分钟。腌制好的鱼肉沾少许干淀粉。传统的臊子干烧鱼是不沾淀粉的，但是改良后会稍微沾点干淀粉，以保持鱼肉水分，在油炸时达到外酥内嫩的效果。
4. 芦笋对半切开，下锅烫熟捞出进行摆盘。

干烧

5. 锅里倒菜籽油，烧至八成热，下鱼肉炸至金黄后捞出。
6. 锅里留点油，放入猪肉末臊子、姜末、蒜末翻炒，再加入芽菜碎翻炒。加入泡椒和葱白炒香。
7. 炒香后加高汤，下入炸好的鱼肉，加生抽、老抽、胡椒粉调味。

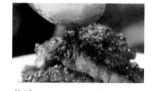

收汁

8. 待高汤烧开、鱼肉亮油亮汁的时候，将鱼肉捞出放在摆了芦笋的盘子上。
9. 锅里汤汁继续收汁后，浇在鱼肉上。

〰〰〰〰

　　大块鱼肉沾满色泽油润红亮的汤汁，鱼皮软糯，鱼肉酥烂，汤汁浓郁，臊子干香，鲜嫩的鱼肉去掉了鱼骨鱼刺，老少皆宜。吃掉上面的鱼肉，下面还有裹满汤汁和臊子的芦笋，清脆爽口，蔬菜的清香和鱼香完美融合。赋予干烧臊子鱼咸鲜干香的宜宾芽菜，是这道菜的灵魂，缺了宜宾芽菜做出来就不是那个味儿。

泡菜鱼

　　地道的农家泡菜鱼，食材都来自农家，做法也非常粗犷。泡菜是自家陶土坛子的老泡菜，随手一抓，泡椒、泡姜、泡豇豆，酸辣刺激着嗅觉，还没开火，就已经暗自吞口水了。鱼是自家放养的鱼，肉质鲜嫩。一条鱼很快便收拾干净，手脚利落地改刀、腌制、炒料、焖煮……所有动作一气呵成。一出手，就是地道农家风味。

扫一扫了解更多

大师教你做

李雪云

高级烹调技师

所需食材（食材用量仅供参考）

主料｜鱼1条

配料｜泡姜20克、泡椒20克、酸菜50克、泡豇豆适量、肥肉适量、菜籽油适量、大蒜50克、青花椒5克、葱段适量、藤椒10克、芹菜叶适量、鱼香草适量

调料｜盐2克、高度白酒10克、红薯淀粉15克、鸡精1克、白糖1克、醪糟水10克、豆瓣酱20克

做法

处理食材

1. 鱼处理干净后，斩成块状，加盐、高度白酒腌制5分钟。
2. 泡姜、泡椒随便切碎，酸菜、泡豇豆切成小段备用。
3. 冲掉鱼肉表面的盐和酒，加少量红薯淀粉搅拌均匀。

炒料

4. 肥肉下锅熬出猪油，直到肥肉熬干，捞出油渣。
5. 锅内再加菜籽油，放入大蒜、青花椒、酸菜、泡豇豆、泡姜、泡椒炒香后加水烧开。
6. 将油渣、鸡精、白糖、醪糟水、豆瓣酱放入锅中煮10分钟。

焖制

7. 放入鱼肉，铺上葱段、藤椒，盖上锅盖焖制10分钟，其间不要翻动。
8. 盆底放芹菜叶打底，将焖制好的鱼舀入盆中，撒上鱼香草即可上桌。

~~~~~~

　　高度白酒去腥，再裹上少量红薯淀粉，保证鱼肉鲜嫩无异味，口感细腻鲜香。豆瓣酱和泡椒，让汤汁红亮诱人，泡姜和酸菜的酸辣辛香被高温激发。芹菜打底，鱼香草点缀，植物清香掩盖了油腻，咸香酸辣鲜层层叠加，这便是地地道道的农家风味。

磁峰麻饼

　　传统的磁峰麻饼是用土窑烤制，但因2008年地震土窑被损坏，就改为了烤箱烤制。烤好的麻饼色泽金黄，酥香诱人，芝麻在麻饼表面形成一层紧实的芝麻壳，散发出浓郁的芝麻香味。

　　轻轻掰开，饼皮颜色金黄、轻薄，层次分明，酥脆可口，入口化渣。

　　彭州这座城市，各种美食遍地开花，即使是在一座不起眼的小镇上，也有流传百年让人欲罢不能的美食。

　　彭州磁峰镇的美食名片，就是磁峰麻饼。以前彭州人过中秋，不吃月饼，就吃麻饼。麻饼虽然没有月饼的甜蜜柔软，只是一块其貌不扬的饼，却糅合了咸、甜、酥、麻、香等多种口感，滋味丰富，一口咬下去扑簌簌掉渣，又香又脆，十分好吃。

　　现在的磁峰麻饼依旧遵循着传统的做法，和面、包馅、沾芝麻……而做好磁峰麻饼的关键就在于酥皮和馅料。麻饼皮薄馅多，馅心软硬适中，有细微的颗粒感，香、酥、脆、甜、咸、麻各种滋味在舌尖绽放，回味无穷。

大师教你做

岳元平

饼香居磁峰麻饼创始人

扫一扫了解更多

所需食材（食材用量仅供参考）

馅料｜面粉500克、白糖500克、食盐10克、花椒粉
　　　10克、芝麻100克、熟菜籽油500克

油酥｜熟菜籽油250克、面粉500克

油皮｜面粉500克、熟菜籽油150克、水250克

做法

制作馅料

1. 经过多年创新，磁峰麻饼的口味已经很丰富了，但最受欢迎的还是传统椒盐麻饼。白糖和食盐搅拌均匀，加入花椒粉搅匀，备用。

2. 面粉下锅炒至微微发黄、炒熟。

3. 将熟面粉和碾碎的芝麻一起搅拌，加入之前准备好的白糖粉搅匀，倒入熟菜籽油和匀，揉压成团。

制作油酥

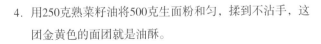

4. 用250克熟菜籽油将500克生面粉和匀，揉到不沾手，这团金黄色的面团就是油酥。

制作油皮

5. 用500克面粉、150克熟菜籽油加250克水和匀，揉成面团。揉到面团起蜂窝眼即可。和面的水夏天用温水，冬天用开水。

6. 和好的面团醒发10分钟左右。

制面剂子

7. 将醒发好的油皮包裹住油酥，用擀面杖擀成大小均匀的大圆饼。

8. 在圆饼中间抠开一个洞，从中间向四周卷起，卷成一根粗长的面棍，扯出面剂子，每个面剂子重30～33克。

包磁峰麻饼

9. 用手掌把面剂子压成薄的小饼，取一团馅料包在里面。

10. 将圆形铁拳模具套在面团外面，用手轻轻按压成形。

11. 用清水打湿簸箕，撒上少量芝麻，把饼挨个放上去，推动簸箕，让芝麻自然地粘在饼的底部。筛上去的芝麻更紧实，烤好后不易掉落。

烤饼

12. 把麻饼挨个放在烤盘内，在麻饼上戳两个洞。

13. 烤箱预热300℃，麻饼放入烤箱烤制8分钟，烤至颜色由白转为金黄，中间略微鼓起，整个麻饼逐渐圆润起来，即可。

大伞蒸牛肉

　　大伞蒸牛肉起源于八十多年前，一位回族厨师在街边撑起一把大伞，卖回族特色美食，食客们围坐在伞下用餐，因为味道好，价格公道，很快便打出了名气。许多食客记不住店名，便将标志性的"大伞"和店内招牌菜"蒸牛肉"相结合，叫成"大伞蒸牛肉"，一叫就是八十多年，彭州人依旧对它情有独钟。

　　蒸牛肉上桌后，先把蒜水、红油和香菜拌匀再下筷，色泽红绿相间，鲜艳透亮，闻起来香气扑鼻，入口肥而不腻滋润爽口，大块牛肉非常过瘾。

大师教你做

刘德明

彭州大伞蒸牛肉第三代传人

扫一扫了解更多

所需食材（食材用量仅供参考）

主料｜牛肋条500克

配料｜食盐4克、花椒3克、味精5克、姜末5克、料酒10克、香料粉3克、红酱油5克、米粉40克、蒜水10克、香菜少许

红油｜小米椒20克、二荆条辣椒60克、灯笼椒40克、芝麻15克、菜籽油适量

做法

处理牛肉

蒸牛肉

炼红油

装盘

1. 取牛肋条切大片，牛肋条口感较瘦且带有肥筋，蒸出来的口感恰到好处。

2. 将食盐、花椒、味精、姜末、料酒、香料粉、红酱油和少量清水加入牛肉片中搅拌均匀。去除腥味的同时入一点底味，加水搅拌能让牛肉的口感更滋润。

3. 牛肉腌制15分钟后裹上米粉。米粉是普通大米舂制而成，颗粒感较强，蒸出来口感更糯。

4. 蒸笼提前上汽，将裹好米粉的牛肉平铺在蒸笼里，盖上盖开始蒸制。

5. 上汽40分钟后，揭开盖子进行翻笼，把两边的牛肉往中间翻，过程中可以适当添加稀释过的红酱油进行上色，也能让牛肉接触到更多水分，吃起来口感更滋润。

6. 蒸够4小时，牛肉才可起锅。

7. 在蒸牛肉的过程中，可以炼制红油。小米椒提辣，二荆条辣椒增香，灯笼椒提色，三者比例为2∶6∶4，将3种辣椒和芝麻搅拌均匀后，备用。

8. 起锅烧油，油烧开后，冷却到100℃左右，淋一部分在辣椒上，进行搅拌，激发辣椒的煳辣香味。

9. 剩下的油，冷却到50℃左右，再次淋到辣椒上。注意，第二次淋的油要比第一次更多，起到提色的作用。

10. 蒸牛肉起锅，盛在盘中，浇10克蒜水、10克红油，最后点缀少许香菜即可上桌。

〰〰〰

　　大伞蒸牛肉属于清蒸牛肉，吃到嘴里细嫩化渣，肥而不腻，米粉软糯，麻辣爽口，关键就在于牛肉和裹牛肉的粉子，以及最后画龙点睛的红油。

陈皮牛肉

百变四川，多种味。四川人做菜取材广泛，调味多变，菜式多样，醇浓并重。既有山区野味，又有江河鱼蟹，还有肥嫩的禽兽和四季不断的新鲜时蔬笋菌。甚至，还把药材作为辅料入菜。

陈皮味苦而性温，具有理气和中、祛湿化痰的功效。若在料理肉类的时候加入陈皮，可以帮助去腥除味，使菜肴的香气更浓郁，口感更丰富。

陈皮牛肉是一道传统特色川菜，传统的陈皮牛肉多采取晒干后的陈皮，而这道经过熊江黎大师细琢改良的陈皮牛肉，采取了新鲜橘子皮入菜，适度弱化了原有的苦味，使得菜品色泽更加饱满。此菜色质深褐、味辣，且能放一个较长时间而不变味。不仅可以热吃，也能冷吃，冷吃风味更佳。

大师教你做

扫一扫了解更多

熊江黎

中式烹调高级技师
中国烹饪名师
当代川菜名厨

所需食材（食材用量仅供参考）

主料｜牛臀肉 400 克

配料｜新鲜橘子皮50克、干辣椒20克、花椒8克、盐4克、葱段30克、姜25克、白胡椒粉2克、料酒5克、鲜榨橙汁20克、白糖50克、葱节少许、香油少许、芝麻少许、高汤适量、菜籽油适量

*为了成菜的品质最好使用新鲜橘子皮，但橘子皮味苦，多则伤味，故用量需谨慎。

做法

处理食材

炒糖色

滑炒牛肉

炒制底汤

收汁

1. 选取新鲜橘子皮，切成菱形。干辣椒和花椒提前泡水，在下锅之前沥水捞出。

2. 将牛臀肉洗净，切成长4厘米、宽2.5厘米、厚0.3厘米的肉片。

3. 将切好的牛肉片放入碗中，加盐、葱、姜、白胡椒粉和料酒搅拌拌匀，腌制15～20分钟。

4. 锅里倒油，烧至六成热时，加入白糖。

5. 改小火，用炒勺在锅里不停地炒动，使糖充分溶解，待起泡时加入适量水炒匀。

6. 另起一锅，锅里倒油，烧至六成热时，放入腌制好的牛肉片，肉不能炸得太狠，炸至表面变色、略硬时捞起。

7. 锅里留底油，烧至六成热时，放入干辣椒、花椒和新鲜橘子皮在锅里炒出香味，再加入高汤和炒好的糖色炒匀。

8. 随即在锅里加入滑过油的牛肉，汤烧开后，倒入新鲜橙汁，调成小火收汁，收汁过程中加入少许盐。

9. 在锅里加入葱段和少许香油，最后撒上芝麻，翻炒均匀后起锅。

～～～～～

　　想做出干香、滋润、入口即化的陈皮牛肉，忌用酱油，因为酱油会影响成菜的色泽，使菜的颜色变得很深。汁水也不能收得太干，不能只有油不见汁，带一点汁的肉，吃起来口感才比较滋润。

　　若是采用陈皮，可以先把陈皮淘洗干净，然后用清水浸泡。制作时，再把泡陈皮的水倒入锅中一起收汁，这样更能彰显陈皮味。

连皮盐煎肉

  盐煎肉作为炒肉界的三大将军之一，不管是下饭还是下酒都非常适合。不过却有很多人分不清回锅肉和盐煎肉这两个同胞姊妹。其实很简单，烹制回锅肉使用的烹饪技法是熟炒，也就是先把主料蒸熟或煮熟，再炒；烹制盐煎肉使用的烹饪技法是生炒，也就是不需要提前加热，将生的食材直接放入油锅里炒。

  连皮盐煎肉和传统盐煎肉不同：传统盐煎肉的主食材二刀肉需要去皮，而这道菜则是连着猪皮一起爆炒，口感更佳糯香。

大师教你做

任福奎
川菜特一级烹调师
曾任美国纽约"四川饭店"厨师长

扫一扫了解更多

所需食材（食材用量仅供参考）

主料｜猪二刀肉500克、蒜苗100克

调料｜菜籽油适量、豆瓣酱20克、豆豉10余粒、味精2克、醋3克、水淀粉少许

*猪二刀肉为猪尾巴后靠近后腿的那块肉。

做法

备菜

1. 将猪二刀肉洗净，然后进行改刀切成肉片备用。
2. 将蒜苗拍碎后切成段备用。

炒制

3. 锅烧热倒入菜籽油，加入切好的肉片翻炒。
4. 肉炒出油后倒掉多余的油，然后加入豆瓣酱炒香。
5. 再加入豆豉、味精、蒜苗翻炒。
6. 最后加入少许水淀粉和醋，便于收汁的同时还可以将肉皮变软，炒至酥香即可出锅。

东坡肉

　　苏轼不仅给后人留下了许多豪放洒脱的诗词，他所创造的"苏氏美食"也深入到了我们的日常之中。说到苏东坡与美食，最先想到的自然是东坡肉。东坡肉又名滚肉、东坡焖肉，是眉山和江南地区的传统特色名菜。成菜后肉红得透亮，色如玛瑙，夹起一块尝尝，软而不烂，肥而不腻。

　　公元1080年，苏轼被贬至黄州任团练副使，自己开荒种地，号称"东坡居士"。在黄州期间，他亲自动手烹饪红烧肉并将经验写入《猪肉颂》中。"黄州好猪肉，价贱如泥土。贵者不肯吃，贫者不解煮，早晨起来打两碗，饱得自家君莫管。"尽管多次被贬，但在艰苦的环境中，他与美食为伴，在食物中寻找慰藉。看来，作为一个吃货，真的是很幸福的事情，生活再苦也不能苦嘴巴。

扫一扫了解更多

大师教你做

蹇华中

眉山市餐饮协会会长

所需食材（食材用量仅供参考）

主料｜三线五花肉1000克

配料｜姜10克、葱10克、八角2克、沙姜2克、白蔻2克、草果2克、桂皮2克、糖色适量、黄酒适量、盐适量、菜籽油适量

做法

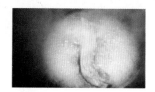

焯水

1. 将三线五花放进沸腾的热水里，加入姜、葱一起煮，将肉煮到八九分熟即可沥水捞出。

改刀

2. 将焯好水的五花肉进行改刀，切成3厘米左右的小方块备用。

过油

3. 锅里倒油，油温热后将切好的五花肉放进油锅里，炸至表面金黄后沥油捞出。

慢炖

4. 锅里倒水，水热后加入糖色搅拌均匀。
5. 然后下入八角、沙姜、白蔻、草果、桂皮、姜、葱，烧开后倒入肉块小火慢炖1.5小时左右。
6. 倒入少许黄酒去除腥味，然后再加少许盐，慢火烧制，待汤汁黏稠后即可。

罗汉粉蒸肉

肉

　　用筷子戳一戳肥肉，便瞬间流油，豆瓣酱的香辣融入米粉中，吃到最后，碗底的青豆刚好能解腻，让人不得不感叹食物搭配的精妙。

　　有时候，时光可以冲淡你的记忆，侵蚀掉你的容颜，却无法抹去烙印在心底的"味觉"。滋味一触即发，让时间倒流，再次置身于回忆中的场景。粉蒸肉承包了许多四川人的童年记忆，是逢年过节或宴席上才能吃到的"硬菜"。上桌前满怀期待，上桌后风卷残云，肥而不腻、满口香嫩，吃完后回味无穷。

　　粉蒸肉出自民间，在四川家喻户晓，川菜素有选料广泛、用料多变的特点，罗汉粉蒸肉便是川菜大师王治龙在粉蒸肉的基础上进行的改良升华。

大师教你做

王治龙

中国烹饪大师

扫一扫了解更多

所需食材（食材用量仅供参考）

主料｜三线五花肉500克

配料｜米粉60克、熟鹌鹑蛋10个、杏鲍菇100克、小香菇
10朵、青豆200克、菜心10颗

调料｜盐8克、醪糟水10克、刀口花椒2克、姜末5克、豆瓣酱50克、豆腐乳10克、老抽10克、
辣椒红油50克、胡椒粉1克、干淀粉25克、姜片少许、蒜片少许、高汤适量、菜籽油适
量、水淀粉适量

*五花肉需选用三线五花肉，肥瘦相间，口感最佳。

做法

处理食材

1. 将三线五花肉去毛洗净，切成约8厘米宽、0.3厘米厚的
片，尽量保证每片的大小相同、厚薄均匀。
2. 将打好的米粉放入碗中，加入开水，将米粉烫发。米粉
需采用没有糯性的米制作。

调味

3. 将切好的五花肉放入碗中，加入盐、醪糟水、刀口花
椒、姜末、豆瓣酱、豆腐乳、胡椒粉、老抽、辣椒红油
进行搅拌。醪糟水能有效去腥解腻，效果同料酒，但醪
糟水更为传统。
4. 将烫发好的米粉倒入五花肉中均匀搅拌，使得每块肉上
都附着米粉。

装盘

5. 将裹好米粉的五花肉进行摆盘，摆成三滴水状。
6. 青豆提前焯好水。将青豆放入裹上米粉的五花肉碗里，
使其也裹上米粉，这样味道更佳。然后平铺在已摆好盘
的五花肉上。

蒸制

7. 将五花肉放进蒸笼，蒸50分钟左右，途中不能揭开笼盖，要一气呵成。在等待生肉蒸成美味佳肴的时间里，可以同时进行粉蒸肉配菜的准备。

准备配菜

8. 将干淀粉放入熟鹌鹑蛋里，搅拌均匀。
9. 倒入约五成热的油锅里炸，炸至表面呈金黄色后起锅，捞出备用。
10. 将杏鲍菇和小香菇洗净，杏鲍菇切成斜片。放入烧开水的锅中，加少许盐，煮熟后沥水，捞出备用。

摆盘

11. 菜心用水煮熟后，摆放在盘底。
12. 蒸好的五花肉倒扣在上面。
13. 将杏鲍菇、小香菇和鹌鹑蛋围绕在粉蒸肉的四周进行摆盘。

制作浓汁

14. 锅里烧油，油温到达三成热时，加入豆瓣酱、姜片、蒜片进行煸炒，炒香出色后倒入高汤。
15. 炒入味后，撇去锅里的渣。再倒入水淀粉进行勾芡，待汁水红亮浓稠时，即可起锅。
16. 将调好的浓汁迅速、均匀地淋在粉蒸肉上。

做粉蒸肉时，前期调味料的用量要掌握好。不要因为想让五花肉更入味，而放很多调味料。调味料过多，拌出来的五花肉太稀；过少，味不浓。因此，以原料拌完后，略微能见到一点汁水最佳。然后再将米粉倒进碗里搅匀，让每一片肉都能裹上米粉。

旱蒸回锅肉

旱蒸回锅肉的口感犹如"烧白"，但味道仍是回锅肉的咸香，外酥内嫩，入口化渣，一点也不腻。

若要评选四川地区的最佳下饭菜，回锅肉必须拔得头筹。如果炒好的回锅肉肉片呈茶船状，用成都人的话说："熬起灯盏窝儿了"，那就是川菜回锅肉的标准模样。

我们平常所吃到的回锅肉，都是川菜最传统的做法。但四川人对于回锅肉的钟爱不仅限于传统吃法。在传统回锅肉的工艺基础上，还演变出了新花样——旱蒸回锅肉。

旱蒸回锅肉顾名思义，先蒸后炒。作为创新菜品，其外形、烹饪方法和传统回锅肉不同。

在外形上，旱蒸回锅肉切片较厚，更能保持入口时软糯醇厚的口感，肥而不腻。在烹饪上，旱蒸回锅肉不像传统回锅肉"一锅成菜"，其制作步骤繁多，"蒸、煮、煎、炒"样样齐全，口味更丰富。

旱蒸回锅肉保留了传统制作中的精华——锅里不放任何葱、姜、蒜。没有辛料，能最大程度地保留原味，品尝出猪肉的肉香。

大师教你做

刘继业

川菜餐厅厨师长

扫一扫了解更多

所需食材（食材用量仅供参考）

主料 ｜ 猪二刀肉200克

配料 ｜ 盐菜50克、蒜苗100克、食用油适量

调料 ｜ 料酒30克、姜片15克、葱段20克、花椒10颗、醪糟水20克、豆瓣酱20克、豆豉10克、甜面酱10克、白糖3克、味精5克

做法

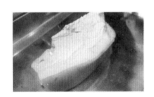

煮制

1. 锅中烧水，将猪二刀肉冷水下锅煮制，加入料酒、姜、葱、花椒去腥。
2. 煮10分钟，直至猪肉没有血泡即可沥水捞出。

蒸制

3. 在猪皮上均匀地抹上醪糟水，然后加入姜片、葱段，入蒸笼蒸2小时。

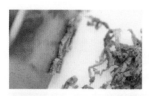

备配料

4. 将盐菜（白菜腌制而成）切成丝状，放入油锅中过油，炸至稍微有点脆，沥油捞出备用。

改刀

5. 将蒸好的猪肉进行改刀，切成筷子粗细的厚度。

油煎

6. 锅里倒油，将切好的猪肉片放进锅中油煎，煎的过程尽量保持其完整，将猪肉两边煎黄即可，倒出多余的油。

翻炒

7. 锅里加入豆瓣酱、豆豉炒匀、炒香。
8. 再加入甜面酱、炸好的盐菜炒匀。
9. 最后加入白糖、味精、蒜苗炒匀即可出锅。

酒香红烧肉

　　一盘色泽饱满、香气逼人的红烧肉总能勾起人的食欲，酒香红烧肉的四大与众不同之处在于：一、做法区别寻常红烧肉，整块下锅油炸后才改刀；二、烹饪途中不加任何香料熬制；三、烹饪途中不加盐；四、吃起来有一股酒香味。

　　葡萄酒不但能去除红烧肉的油腻感，而且色泽亮丽，与红烧肉的颜色相得益彰。葡萄酒饱满的酒体和红烧肉的浓油赤酱在口感上能有一个很好的平衡，肉汁与葡萄酒的混合，让肉的香味更丰富，口感更细嫩软糯，汁多饱满。

扫一扫了解更多

大师教你做

陈 华

中国烹饪协会名厨专业委员会副秘书长
绵阳市烹饪协会副会长

所需食材（食材用量仅供参考）

主料｜三线五花肉2500克

配料｜姜20克、葱20克、料酒少许、花椒少许、冰糖50克、榨菜15克、高汤200克、金华火腿50克、醪糟水30克、葡萄酒150克、菜籽油适量

*葡萄酒的加入能起提色、降低脂肪的作用，比例可参照1500克肉搭配100克葡萄酒。

做法

食材处理 ＊五花肉表皮烙黑的地方一定要刮干净。

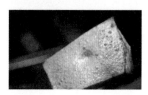

炸制 ＊五花肉改刀后再炸，会使瘦肉里的水分、蛋白质快速流失，吃起来口感很柴。整块下锅油炸后再改刀，会使肉质更加细嫩。

1. 锅烧红，将洗净后的三线五花肉皮朝下在锅中烙一下。
2. 捞出五花肉，用刀把表皮糊的地方刮洗干净，如果残留在肉上会发黑、发苦，影响口感。
3. 锅中放清水，将整块五花肉放入锅中，加入姜、葱、料酒、几颗花椒，大火烧开，五花肉煮熟后沥水捞出。
4. 锅中倒油，油烧热后，将整块五花肉放入锅中油炸，炸至表皮金黄、起泡时，即可沥油捞出。
5. 将五花肉皮朝上的放到菜板上，放凉后，改刀成6～7厘米的方块。

炒糖色

熬制

6. 锅里留底油，放入冰糖，小火炒至冰糖完全融化，待冰糖出色并翻泡的时候，加入开水，炒匀后出锅装碗。加冷水容易炸锅、烫到人，切记一定要加开水。

7. 锅中倒油，烧热后放入姜、葱、榨菜，炒香后加入高汤和炒好的50克糖色。
8. 锅烧开后，下入炸过的五花肉、金华火腿、醪糟水，搅拌均匀后全部起锅倒入煲中。

煨制

9. 所有食材入煲后，将煲放置文火上，加入葡萄酒。
10. 文火煨制1.5小时，待红烧肉软糯、皮红、肉亮、汁浓即可出锅。

品碗

　　品碗——四川西南地方特有的一种传统特色美食，又称"香碗""耙耙肉"，作为宴席的头把交椅几乎是逢请必有。虽然四川很多地方对品碗的叫法不一，但做法大都相似，只是在配菜的选择上有细小的差别。

　　品碗吃起来香软嫩滑，筷子能夹起整块肉而不脱离。看似造型简单，在前期的制作中，需要花费很多时间和功夫。做品碗最费力气和时间的环节还数剁肉，虽然现在很多地方为了节省，选择用机器绞猪肉，但这样的肉馅吃起来没有韧性。传统品碗的制作，必须用手工剁的肉馅，新鲜瘦肉剁成末，再加入姜末、胡椒粉等搅拌均匀，再配上豌豆尖、香菇等丰富食材，大火蒸透后扣入大碗中。

　　传统品碗的做法是清汤鲜味。只是几块肉片下肚，难免会有些腻口，改良后的品碗做成了"四川味"，更加酸辣爽口。

大师教你做

范　印

中式烹调高级技师

扫一扫了解更多

所需食材（食材用量仅供参考）

主料┃猪肉800克、香菇40克、姜末20克、盐5克、味精4克、胡椒粉2克、鸡蛋2个、红薯淀粉60克、水发木耳适量、豌豆尖适量、食用油少许

调料│姜末15克、蒜末15克、盐2克、醋15克、味精少许、红油20克、开水适量

做法

调馅 * 加入芡粉可以使肉质口感更弹嫩。

蒸制

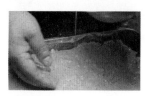

再次蒸制

第三次蒸制

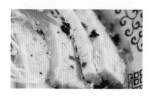

调汁

1. 将香菇洗净后切成细末。

2. 将猪肉洗净后去皮，再剁成肉末。

3. 在肉末中加入香菇末、姜末、盐、少许味精、胡椒粉和蛋清，顺着一个方向搅拌均匀。

4. 温水里加入红薯淀粉和匀，然后倒入肉末中搅拌均匀，直至表面翻白即可。

5. 将调好的肉馅倒入托盘，平铺整齐，放入蒸笼，旺火蒸50分钟后取出。

6. 将蛋黄打匀，均匀地淋在肉饼表面上，然后放入整箱再次蒸制。待蛋黄完全凝固后拿出自然冷却。

7. 将冷却后的肉饼改刀成约0.5厘米厚的薄片，蛋黄面朝下进行摆盘。

8. 将水发木耳洗净后加入少许盐和油保持鲜度，然后放入肉碗中，一同进蒸笼蒸20分钟左右。

9. 将氽过水的豌豆尖放在盘中垫底，然后将蒸制好的肉片倒入盘子。

10. 将姜末、蒜末、盐、醋、味精、红油和开水搅拌均匀，淋在盘中即可。

鱼香肉丝

肉

　　鱼香肉丝可以算是最有名的川菜之一。酸甜中带着鲜辣，鲜辣中带着葱、姜、蒜的浓郁香气，肉丝质地柔滑软嫩，搭配上热气腾腾的米饭，怎么吃怎么过瘾！

　　川菜的命名有时候真是让人摸不着头脑，夫妻肺片里没有夫妻，蚂蚁上树里没有蚂蚁，鱼香肉丝里也没有鱼。

　　说起鱼香味的来历，相传四川的渔夫们以前对做鱼很有讲究，烧鱼的时候要放泡辣椒、葱、姜、蒜、醋、酱油等调料来去腥增味。四川虽然多江河，但容易长时间下暴雨，下暴雨的时候，渔夫们没有鱼吃，于是就想到了用做鱼的方法来炒肉，结果发现炒出来的肉不但味道鲜美，且略带鱼香，故将其命名为鱼香肉丝。

　　鱼香肉丝里最重要的精华就是二荆条泡辣椒。二荆条堪称品味最高的辣椒品种之一，腌制后的二荆条，经炒制，鲜香似鱼。也有另一种传闻，说以前腌制泡辣椒时会放小鱼同腌，所以有鱼香。

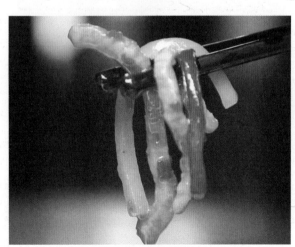

大师教你做

黎云波

成都工匠资深级注册中国烹饪大师

扫一扫了解更多

所需食材（食材用量仅供参考）

主料｜猪肉200克、木耳25克、青笋50克

调料｜酱油2克、盐2.5 克、水淀粉25克、二荆条泡辣椒25克、蒜15克、姜10克、小葱25克、白糖10克、醋10克、味精1克、生抽8克、料酒5克、高汤25克

油｜菜籽油45克、猪油30克

*主料应选择猪的里脊肉，肉嫩度高，口感好。

做法

改刀

1. 将猪肉洗净，切成二粗丝，尽量保持每一根的粗细均匀。

码味

2. 切好的猪肉丝放碗里，加少许清水，抓打均匀后放入酱油、盐、水淀粉，继续抓揉均匀。

配菜

3. 将青笋洗净去皮、木耳洗净，统一切成二粗丝（6~8厘米长，0.3厘米粗），青笋可加入少许盐码味，更加脆嫩。

配料

4. 二荆条泡辣椒去籽后，剁细。蒜和姜切成蒜末、姜末，蒜要比姜多1/3。小葱切成鱼眼葱，葱白和葱花分开放。

调鱼香汁

5. 碗里加入盐、白糖、醋、味精、生抽、料酒、水淀粉、高汤兑制成汁。（注：糖和醋的比例为1∶1）

急火短炒

6. 锅烧热，加入菜籽油和猪油，烧至六成热时倒入猪肉丝，炒至发白。下入姜末、蒜末、泡椒末和葱白，炒出香味。

7. 锅里现红色时，下入木耳丝、青笋丝炒匀，然后倒入调好的鱼香汁炒匀，最后撒上葱花，起锅即成。

〰〰〰

　　传统鱼香肉丝中的肥肉、瘦肉比例一般为3∶7，但全瘦肉口味好，接受程度高。翻炒时，速度一定要快，尤其是加入鱼香汁以后，长时间翻炒会使醋味挥发，影响味道。二荆条泡辣椒在四川以外的地区不易购买，可以尝试用豆瓣酱替代。由于两者都很咸，要注意其用量和盐的用量。调制好的鱼香汁加上二荆条泡辣椒、姜末、蒜末、葱花，可以用来做其他的鱼香味菜肴。

肝腰合炒

腰花和猪肝是让食客又爱又恨的东西。处理得好，无上美味；处理不好，腥膻无比，难以下咽。肝腰合炒的关键在于师傅的炒功，需要急火旺灶，一锅成菜。所以肝腰合炒下锅的时间是按秒计时。稍不注意，食材炒得久一点，质地就会变老、变硬。除此之外，切腰花的刀法也是一种精妙的技术活。需用斜刀，切完一侧再切另一侧，切好的腰花要干净利索，隐约能看见刀痕而不断。

扫一扫了解更多

大师教你做

赵立立

中华老字号·夫妻肺片非物质文化遗产传承人

所需食材（食材用量仅供参考）

主料 ┃ 猪腰100克、猪肝100克、青笋适量、大蒜15克、泡姜20克、泡辣椒20克、大葱20克、木耳适量、猪油适量

码味 ┃ 白糖3克、胡椒粉5克、盐2克、酱油5克、干淀粉15克

水碗 ┃ 盐1克、白糖3克、胡椒粉3克、料酒5克、酱油6克、水淀粉20克、香油10克

做法

改刀

码味备菜

兑制水碗

一锅成菜 *下腰花、猪肝到炒制配料的时间要控制在15秒内。

1. 将猪腰洗净后切成两半，去掉中间的腰臊。
2. 对猪腰进行改刀，先斜刀后直刀。斜刀切入猪腰2/3处，直刀切入猪腰3/4处。
3. 将猪肝切成柳叶形，一头尖一头大，尽量保证切出来的每片猪肝厚薄一致。
4. 在切好的腰花和猪肝里放入白糖、胡椒粉、盐、酱油和干淀粉搅匀，进行码味。
5. 将青笋、大蒜、泡姜切片，泡辣椒、大葱切成段，装盘备用。
6. 在碗里放入少许盐、白糖、胡椒粉、料酒、酱油、水淀粉和香油，调匀后备用。
7. 锅烧热，倒入猪油，然后倒入腰花、猪肝滑炒。
8. 再加入泡辣椒段、蒜片、泡姜片和大葱段炒香，紧接着倒入青笋片和木耳炒断生。
9. 最后加入调制好的水碗炒匀，即可出锅。

〜〜〜〜〜〜

　　锅内温度越高，则淀粉的糊化作用越快，也越早形成保护层。同时，肉丝也越容易熟。这个过程时间越短，水分流失就越少。所以，在一锅成菜的炒制方法中，高油温是可以让食材保持质地细嫩的法宝。

干煸肥肠

很多人误以为川菜只有大麻大辣，其实这并不对。正宗的川菜有24种味型，同样的食材不同的烹饪手法，做出来的味道完全不同。

干煸，有些地方又叫干炒，但其实与煎炒并不相同。干煸过后，肠子外皮的焦香、肥肠的鲜香、红辣椒的辛辣，融合在一起，完全感受不到内脏的腥味，吃完之后唇齿留香。

扫一扫了解更多

大师教你做

王 江

特级厨师、成都工匠

所需食材（食材用量仅供参考）

主料｜肥肠400克

调料｜姜片20克、葱段30克、料酒20克、菜籽油少许、干辣椒10克、干花椒5克、豆瓣酱10克、酱油3克、蒜片15克、二荆条辣椒80克、芹菜段50克、洋葱片50克

做法

焯水

1. 锅中烧开水，放入清洗干净的肥肠，再放入一半的姜片、葱段和少许料酒，待水沸腾后煮10～15分钟，沥水捞出。这一步可以去掉肥肠的异味，不能省略。

炖煮

2. 锅里重新烧水，加入另一半的姜片、葱段，将肥肠炖煮2个小时。
3. 将煮好的肥肠改刀，切成滚刀型装盘。

煸炒

4. 锅里倒入少许菜籽油，烧至六成热时，放入肥肠进行煸炒。
5. 炒至肥肠表面呈金黄色时，往锅里倒入干辣椒、干花椒。炒香后倒入豆瓣酱和酱油增香上色。
6. 豆瓣炒香后加入蒜片、切好的二荆辣椒条、芹菜段和洋葱片进行煸炒。
7. 炒至二荆条辣椒呈虎皮色时，倒入少许料酒继续翻炒，待肥肠呈浅红色时，即可出锅。

干煸给人的感觉是锅里没有油，实际上干煸也需要用油，只是油用得不多，同时烹制时间相对而言更长，而且火力不能太大，宜用中火。

大刀耳叶

  大刀耳叶是一道酸辣味型的传统红油凉菜。猪耳又软又脆，将其横剖成薄如蝉翼的一片片，再细心地铺砌成如千层花瓣的花朵，配上特别调制的调料，吃起来爽脆之余，满口麻辣留香，无穷风味毕现于齿间。

  凉菜可以称为四川卤菜店必备的菜品体系：凉拌木耳、凉拌鸡丝、凉拌毛肚……只要你喜欢，都可以被"拌"着吃。食材万变，调味灵魂不变。红油，就是凉拌菜的灵魂。普通的食物加入红油后，就成了一道色、香、味俱全的宴席前菜。

  红油的制作不需要添加任何香料，关键在于辣椒的选择和油温的控制。炼制红油，是将辣椒粉、芝麻和菜籽油进行融合的过程。需遵循"一煳、二香、三辣"的原则，入口之后辣味才会层层叠加。

扫一扫了解更多

大师教你做

吴勇明

四川烹饪金牌讲师

所需食材（食材用量仅供参考）

主料｜猪耳朵1个

配料｜蒜泥15克、盐2克、白糖3克、花椒粉2克、醋18克、酱油20克、姜片少许、葱段少许、料酒适量

红油｜二荆条辣椒100克、皱皮辣椒100克、子弹头辣椒50克、菜籽油适量、带皮芝麻少许

做法

煮制

改刀

制作红油

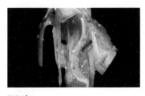

调味

1. 锅中烧清水放入猪耳朵，加入姜片、葱段、料酒煮35~40分钟。煮好后沥水捞出，趁热进行压制，使得猪耳朵更加平整，方便后续处理。

2. 将猪耳朵改刀，斜刀切成薄片，并且使得每片耳叶上带一点筋，摆盘备用。

3. 选用3种干辣椒，二荆条辣椒、皱皮辣椒和子弹头辣椒的用量比例为2：2：1，将三种辣椒分别剪成段备用。

4. 锅烧热，加少许的菜籽油，再倒入一点带皮芝麻，炒香后倒入剪好的辣椒，小火慢炒，炒至辣椒表面呈浅浅的棕红色即可。3种辣椒一定要分开炒制。

5. 炒好的辣椒放凉后，舂碎。将3种舂好的辣椒混合在一起，均匀分成3份。炼红油的辣椒不能舂得太细，舂成二粗面即可。

6. 锅里烧油，油温烧至210℃时，浇在第1份辣椒上；当油温降至190℃时，浇在第2份辣椒上；当油温降至100~120℃时，浇在第3份辣椒上。

7. 最后将3种辣椒混合在一起，边倒边搅，再盖上保鲜膜静置24个小时至完全凉透即可。

8. 在碗底放入蒜泥、盐、白糖、花椒粉、醋、酱油、红油搅拌均匀，即成凉拌调料，可浇在切好的耳片上。还可以根据口味在表面撒上少许花生碎、芝麻和葱花。

蚂蚁上树

　　蚂蚁上树为川渝地区的一道传统名菜，主料为粉丝和猪肉末。本菜以形取名，肉末为蚂蚁，粉条为树，形似蚂蚁上树。芽菜肉末酥香，粉丝浓郁滋润，食之别有风味，是一道老少皆宜的家常菜。

扫一扫了解更多

大师教你做

邓正庆

资深级注册中国烹饪大师

所需食材（食材用量仅供参考）

主料｜红薯粉丝300克

配料｜里脊肉50克、芽菜60克、蒜15克、姜20克、小葱15克

调料｜酱油5克、香油3克、菜籽油20克

做法

加工粉丝

1. 红薯粉丝放入冷水中浸泡48小时，泡好后，放入开水中煮，煮至发亮透明，捞起自然冷却。
2. 放凉的粉丝中加入酱油搅拌均匀，再放入少许菜籽油拌匀，防止粘连。

处理配料

3. 将芽菜切碎，不放油下锅炒干水分，备用。
4. 将里脊肉切碎。锅内放少许菜籽油，小火煸炒肉末，加少许酱油，炒至酥香出锅。
5. 将炒过的肉末再次切细切碎，过滤掉多余的油脂备用。
6. 将小葱、姜、蒜切至细碎备用，所有原材料都切得越碎越好。

炒制

7. 锅内放入菜籽油，按顺序加入姜末、蒜末、芽菜末、肉末小火炒匀炒香。
8. 然后放入粉丝快速翻炒，出锅前加入葱花、香油拌匀，即成。

藤椒仔姜兔

在川菜中，藤椒是不可或缺的一味。与一般花椒不同，藤椒的味道更温和，微微麻，突出的是一种清香味。在蘸水和凉菜中加入藤椒，可以使风味更浓郁，特别是这道藤椒味的清香凉菜，藤椒味浓，蘸点酱汁，入口肉质鲜美，特别过瘾。

扫一扫了解更多

大师教你做

周 旭

中式烹调高级技师

所需食材（食材用量仅供参考）

主料 | 鲜兔肉500克

配料 | 青小米椒10克、红小米椒10克、仔姜30克、姜50克、葱30克、料酒150克、盐20克

调料 | 盐10克、鸡精15克、辣鲜露20克、白糖10克、高汤200克、白醋25克、泡野山椒20克、藤椒油20克、新鲜青花椒15粒

做法

腌制

1. 在兔肉中加入部分葱、姜、料酒、盐腌制20分钟左右，腌好后去掉碗中的葱、姜。

煮制

2. 锅烧热水，兔肉沸水下锅，这样不容易破皮，可以锁住鲜味。

3. 再加入葱、姜、料酒去腥，用大火煮开几分钟后，转小火煮20分钟左右。兔肉煮熟变白后，可以把筷子插进大腿部分看看有没有血水，没有血水就煮好了。

4. 捞出放凉后，改刀成一字条，注意不要切得太大，否则不容易入味。

调味

5. 将青、红小米椒切成圈，仔姜切成细丝。

6. 加入盐、鸡精、辣鲜露和少许白糖，再倒入高汤调和味道。

7. 加入少许白醋，突出微微的酸，加入泡野山椒，最后淋入藤椒油，增加麻香味。

8. 将调好的汤汁淋在切好的兔肉上，撒点新鲜青花椒，增香的同时也起到点缀的作用。

花椒鸡丁

　　花椒鸡丁作为四川地区的传统风味菜，肉香味美，色泽诱人，口感甚佳，令人垂涎。相传在很久以前，四川有一位富翁，门下食客甚多，但用膳时间不一。为了食客在深夜时也能吃菜饮酒，其家厨创制了这个菜式，而且一做就是一大坛，可供数日食用。因其具有软中带酥、麻中透香、耐咀嚼、回味长的特点，故而深受食客欣赏，后来流传于市，并经历代厨师精心改进，最终有了现在这个版本。

　　这道佳肴的食材关键在于干辣椒和干花椒。干辣椒用的是成都的二荆条辣椒，颜色鲜红，香而不辣，干花椒用的是川西产花椒，颗粒大，色艳红，气味香，麻味足，两者搭配，烹制而成的花椒鸡丁，才是正宗川味。

扫一扫了解更多

大师教你做

田小辉

中式烹调技师
高级公共营养师

所需食材（食材用量仅供参考）

主料｜鸡腿肉250克

调料｜大葱15克、老姜10克、料酒10克、盐4克、冰糖10克、二荆条干辣椒10克、干花椒2克、
蒜5克、鲜汤300克、菜籽油适量

做法

处理食材

1. 选择仔公鸡的鸡腿肉，剔除鸡腿肉的骨头，将鸡腿肉切成2厘米左右的丁状块。
2. 将大葱斜刀切成段、老姜切成片。
3. 将老姜、大葱、料酒、盐加入切好的鸡腿肉中，腌制5～10分钟。

炒糖色

4. 将锅烧热，加入冰糖，小火慢炒。
5. 炒到起鱼眼泡的时候，加入开水，搅拌均匀后，即可出锅。

油炸

6. 锅里倒油，油温控制在六成热，下入腌制好的鸡肉，将肉炸熟、各成颗粒时，沥油捞出。
7. 油温控制在七成热，将炸熟的鸡肉倒入锅中进行二次油炸，炸至表面金黄，沥油捞出。

炒制

8. 锅里倒油，将干二荆条辣椒、干花椒、蒜、老姜倒入锅中炒香，并加入鲜汤。
9. 放入炸好的鸡丁，小火收汁。再加入糖色和盐，小火翻炒慢慢收汁，待只亮油不亮汁的时候即可出锅。

网油鸡卷

网油鸡卷，入口就能感受到那金黄酥脆的外壳，轻轻一咬，海苔的鲜味便渗透出来，接着就是马蹄的清甜、鸡肉的鲜美、火腿的醇厚……

猪网油来自猪腹部大网膜处堆积的脂肪，同普通的油相比，网油脂香浓郁但又不会过于肥腻，更有一种特殊的香味，是为食物增香的不二之选。

扫一扫了解更多

大师教你做

官 燎

中国烹饪大师

所需食材（食材用量仅供参考）

主料｜鸡胸肉200克、冬笋50克、火腿50克、马蹄30克、胡萝卜50克、猪网油400克

配料｜海苔50克、面包糠300克、盐适量、胡椒粉少许、蛋清2个、豆粉90克、鸡蛋2个、菜籽油适量

做法

食材处理

1. 鸡胸肉、冬笋切丝备用。
2. 火腿、马蹄切成绿豆粒大小，胡萝卜切条备用。

调馅料

3. 蛋清加40克豆粉搅拌均匀。
4. 将处理好的鸡胸肉、冬笋、火腿、马蹄放在碗里，加入适量盐、胡椒粉和蛋清豆粉搅拌均匀，腌制片刻。

裹卷

5. 猪网油上放1片海苔，码上腌制好的馅料，馅料中间放1根胡萝卜条。
6. 将猪网油慢慢卷起，收尾的地方涂抹少许蛋清豆粉起黏合作用。

裹面包糠

7. 2个鸡蛋加上50克豆粉搅拌均匀，调成全蛋豆粉。
8. 将网油鸡卷均匀地裹上全蛋豆粉，再均匀地裹上面包糠，备用。

油炸

9. 菜籽油加热至150℃，放网油鸡卷下锅炸，炸制过程中用漏勺慢慢翻动鸡卷以便受热均匀。
10. 炸2~3分钟后，待网油鸡卷慢慢浮起，变成金黄色即可出锅。
11. 将炸好的网油鸡卷改刀成马耳朵斜刀，就可以开吃啦。

鸡蒙葵菜

鸡蒙葵菜，精致的传统手工川菜，从选材到烹饪每一步都十分讲究。为了确保细嫩的口感，葵菜需要剥掉筋，只取嫩心；鸡肉则选用高山跑山鸡的鸡胸肉，捶打成肉泥后还要去掉里面的筋络；勾芡的清汤也是用的大名鼎鼎的开水白菜特级清汤。

通常只要用到"糁""蒙""贴""瓤"技法的川菜就属于高端传统川菜，而这道鸡蒙葵菜就同时使用了"糁"和"蒙"两种技法。成菜颜色清亮、口感细腻，虽然是一道以蔬菜为主的菜肴，但入嘴却有着不输荤菜的满足感。

大师教你做

扫一扫了解更多

李多强

中国烹饪名师

所需食材（食材用量仅供参考）

主料｜葵菜20棵、鸡胸肉100克

配料｜香菇20颗、高级清汤250克、枸杞适量、姜葱水100克、猪油30克、鸡油20克、蛋清1个、小葱10克、姜5克、盐2.5克、豆粉20克

做法

葵菜处理

1. 选用粗壮、鲜嫩的葵菜，洗净后去掉筋，只取嫩心。
2. 处理好的葵菜，氽水后，用厨房纸或者干净的毛巾吸掉多余的水，备用。

香菇处理

3. 香菇去蒂，然后下锅氽水，放入少许小葱、姜、盐煨煮片刻。

鸡胸肉处理

4. 选用高山跑山鸡的鸡胸肉，捶打成肉泥，去掉鸡肉中的筋络。
5. 肉泥中加入适量姜葱水、猪油、鸡油搅打上劲。
6. 然后再加入蛋清、盐和豆粉反复搅打均匀，备用。

烹制

7. 水烧开后，把锅拿到火边，保持水的温度，然后在处理好的葵菜根茎处均匀地裹上鸡肉泥，然后放到水里煨熟。

摆盘

8. 用瓜果雕刻出孔雀头，香菇做孔雀身子，葵菜摆成孔雀的尾巴，撒上适量枸杞做装饰。
9. 选用高级清汤勾芡，均匀地淋在摆好的葵菜上即可。

啤酒鸭

鸭肉的蛋白质含量很高，脂肪分布均匀，且滋补养胃消水肿。

啤酒鸭风味独特，融合了鸭子的鲜香、姜的辛辣、啤酒的麦芽香、辣椒的清香，是几种味道的完美组合。

啤酒鸭的做法非常多，可以加豆瓣、泡椒等。这里介绍的是一道传统的家常啤酒鸭。选用1岁的年轻花边鸭，年龄大的鸭子肉质偏老、偏柴。老姜和泡姜提味，仔姜突出鲜香，再加上青小米椒和二荆条辣椒的清香微辣，随着啤酒一起慢慢收汁。汤汁浓郁，鸭肉的香味混合着麦芽的清香，夹起一块鸭肉，鲜美滋润，油脂均匀。

扫一扫了解更多

大师教你做

王吉祥

成都超艺厨味管理有限公司厨务总监

所需食材（食材用量仅供参考）

主料｜仔鸭500克

配料｜青小米椒150克、二荆条辣椒100克、老姜40克、鲜仔姜80克、泡姜40克、蒜40克、四季豆200克、青豆120克、鲜青花椒20克、菜籽油200克、猪油60克、鸡油60克、幺麻子藤椒油20克、盐8克、味精12克、白胡椒粉10克、啤酒1/2罐

做法

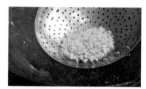

处理食材

1. 将仔鸭改刀成长4～5厘米、宽2～3厘米的条，备用。
2. 将1/3的二荆条辣椒、2/3的青小米椒切斜刀片，备用。
3. 将老姜、泡姜、鲜仔姜、蒜分别切成小块备用。
4. 锅中放菜籽油，将四季豆和青豆依次过油，备用。

炒制 * 使用混合油炒出来的菜更香。

5. 将菜籽油、猪油、鸡油混合，加入鲜青花椒和切好的鸭肉慢慢煸炒。随着油温的逐渐升高，水也会随之一点点蒸发，鸭皮逐渐收缩起皱，鸭子的香味就散发出来。
6. 下入切好的老姜、泡姜、鲜仔姜和蒜，小火继续煸炒3～5分钟，把3种姜的味道煸进鸭肉里，注意火不能太大，否则会迅速收干鸭肉表皮的水分，影响口感。
7. 煸炒3～5分钟后，加入切好的青小米椒和二荆条辣椒微微翻炒。翻炒时间不能太长，否则辣椒会发苦。

收汁

8. 倒入1/2罐啤酒，放四季豆和青豆，小火慢慢收汁（8～10分钟），水快收干的时候下入盐、白胡椒粉、味精翻炒均匀。
9. 起锅前加入少许幺麻子藤椒油增香。

腰果鸭方

　　鸭子的不同部位，通过炸、炒、蒸、熬、烩、煮、炖、扒、卤、拌，能衍生出上百种菜品。腰果鸭方是中华老字号——耗子洞老张鸭子店的经典名菜。其搭配十分考究，刚出炉的鸭方，层次分明，上层鸭肉末糯香弹牙，下层鸭肉酥香可口，搭配腰果的香脆，满口生香回味无穷。

大师教你做

周化省

中华老字号·耗子洞樟茶鸭非物质文化遗产
第三代传承人

扫一扫了解更多

所需食材（食材用量仅供参考）

主料｜生鸭2000克、新鲜鸭胸肉400克、蛋清3个、腰果100克、胡椒0.5克、盐
　　　1.5克、料酒10克、鸡精少许、水淀粉少许、食用油适量

卤水制作｜香叶5克、桂皮10克、山柰10克、小茴5克、草果5克、灵草5克、排
　　　　　草5克、丁香10克、姜20克、葱20克

做法

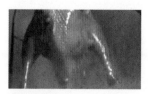

生鸭卤制

1. 将香叶、桂皮、山柰、小茴、草果、灵草、排草、丁香、姜、葱放入锅中制成卤水。
2. 然后将处理过的生鸭下卤锅，卤制45分钟。

炒料去骨

3. 将卤好的鸭子去掉头尾，然后从鸭子的背部下刀切开，用手把骨头和肉分开。
4. 将去骨后的整个鸭肉摆成厚薄均匀的长方形，并用刀后跟将鸭肉均匀地宰松，防止后期炸、蒸的时候变形。

制鸭肉末

5. 将洗净的新鲜鸭胸肉去筋，剁成肉末。
6. 在鸭肉末里加入胡椒、盐、料酒、鸡精、水淀粉和蛋清，顺着一个方向搅拌均匀。

蒸制

7. 将搅拌好的鸭肉末均匀地涂抹在鸭方上，然后再把腰果均匀地按在鸭肉末上。
8. 将整好的鸭方放入蒸锅里，蒸8～10分钟，然后取出。

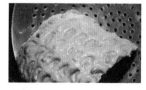

炸制

9. 锅里倒油，油温热后，将蒸好的鸭方下入油锅，表面炸成金黄色即可沥油捞出。
10. 捞出后将鸭方改刀成小块，即可出锅装盘。

吉庆鸭卷

鸭肉易于消化，一般人都可以食用。鸭蛋富含多种矿物质，特别是人体所需的铁和钙。吉庆鸭卷将鸭肉和咸鸭蛋搭配在一起，软糯耙香，美味又营养。

扫一扫了解更多

大师教你做

周化省

中华老字号·耗子洞樟茶鸭非物质文化遗产
第三代传承人

所需食材（食材用量仅供参考）

主料｜生鸭1500克、咸蛋黄150克、火腿肠2根

配料｜野山菌250克、冬笋100克、菜叶适量

调料｜料酒20克、胡椒粉2克、姜20克、葱50克、盐5克、水淀粉20克、高汤400克、菜籽油少许

做法

剔骨

1. 将生鸭处理干净后，砍掉头尾和翅膀，从背部开刀，再用刀分开两边的皮肉，顺着骨骼的走向去除整个鸭骨，过程中尽量保持鸭肉的完整性。

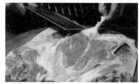

整形

2. 去掉生鸭多余部分的肉，填补在翅膀两边空出的地方，保持鸭肉的平整和方正，有利于裹鸭卷时的成形。

腌制

3. 在去好骨的鸭肉里加入料酒、胡椒粉、姜、葱和少许盐，腌制20分钟。

裹鸭卷

4. 将1根火腿肠切成方形长条，将咸蛋黄压成扁平状。
5. 在展开鸭肉的一半区域铺上咸蛋黄和火腿肠。
6. 将鸭肉从一头裹起。裹的时候用力均匀，否则火腿和咸蛋黄会分离。

蒸制

7. 再用纱布将裹好的鸭卷包好，然后上蒸箱蒸1小时左右。

摆盘

8. 将蒸好的鸭卷取出，去掉包裹的纱布，改刀切成圆片状，摆盘备用。
9. 将准备好的野山菌、冬笋、菜叶和另1根火腿肠下锅焯水，加入少许盐，全部沥水，摆入放有鸭卷的盘中。

二次蒸制

10. 将放有配菜的鸭卷放入蒸箱蒸制20分钟。
11. 把蒸好的鸭卷用一个大盘子反扣在蒸碗上，迅速地翻扣过来。

制作芡汁

12. 锅里倒少许油，放入姜、葱炒出香味后，加入高汤。
13. 将姜、葱捞出，加入盐、胡椒粉、料酒、水淀粉，烧至汤汁浓稠度合适即可。
14. 将调好的芡汁均匀地淋在蒸好的鸭卷上，做好的成品看起来美观大气，色彩搭配鲜明。

烈火烹油

从四川，顺着长江往下，便到了重庆。虽然从行政区划分来看，重庆属于直辖市，但从地理和历史上看，重庆菜仍属于川菜的一个重要菜系。川菜以河为界，大致分为上河帮、下河帮、小河帮三大派系，下河帮菜主要就是指重庆菜。

重庆多山，山下长江和嘉陵江穿城而过。在那个还并不发达的年代，6条江河串起重庆大大小小的码头。船到卸货，爬坡上坎，货物全靠人力搬运。下苦力的人吃饭，不讲究精致，只要求便宜量大上菜快，要在最短时间内，最大程度刺激味觉，分泌唾液，"下饭"是穷苦人对一道菜最高的赞赏。于是，重庆菜中就有了好吃又实惠的下饭神菜毛血旺、黔江鸡杂、椒香鹅什锦、药膳烧鸡公……

然而人多的地方就有江湖，重庆菜从诞生之初，就有着一种不拘一格的大气，要沸腾，要热闹，要喊得响亮，吃得痛快，于是就有了热腾腾、火辣辣、辣椒里面找肉吃的歌乐山辣子鸡和尖椒鸡，最适合与三五好友一起，推杯换盏，慢慢吃，慢慢摆。

靠山吃山，靠水吃水，重庆人对河鲜的料理也是一绝。肉质细嫩味道鲜美的干烧岩鲤最佳，刺多的鲫鱼整条入菜，汤鲜肉嫩，麻辣香浓的邮亭鲫鱼火到全国，成为家喻户晓的地方特色。

当然，除了这些烟火气十足的美食外，重庆也有柔情的一面。大刀烧白、粉蒸肠头……这些小时候吃九大碗才能品尝的限定菜肴，是让多少人魂牵梦萦的童年记忆。

如果你也喜欢重庆的豪爽大气，喜欢它的不拘一格，喜欢这些充满浓浓烟火气的重庆美食，这一章一定不会让你失望。

大刀烧白

肉

"大碗喝酒，大块吃肉"彰显了川渝地区人民的豪放气概。"烧白"是农村办酒席时必不可少的一道菜，而大刀烧白就是由此改良而来。

民间有这么一种说法：烧白的"烧"，源自其制作过程中，要用火将五花肉的皮燎至肉色有点焦黄、黢黑，过油后感觉像是被火烧过一般。烧白的"白"，源自其主材料五花肉，肥肉多看起来自然白白的。

烧白一般分为咸烧白和甜烧白，咸烧白通常以四川盐菜打底。而甜烧白则是用糯米打底，以五花肉夹豆沙馅蒸制而成，其味道甜而不腻，香滑软糯。

大刀烧白颜色红润，烧白和盐菜的味道散发出来，香气逼人，肉质软糯、肥而不腻、入口即化，长度和刀的长度一样，因此而得名。

大师教你做

飞 哥

醉义仙江湖菜厨师长

扫一扫了解更多

所需食材（食材用量仅供参考）

主料｜五花肉1000克、盐菜300克、食用油适量

调料｜白糖30克、姜末6克、花椒6克、干辣椒少许、老抽10克、生抽20克、醋5克、胡椒粉
3克、白酒5克

做法

处理五花肉

1. 用火在五花肉的猪皮上进行火燎，去毛的同时也去除掉肉腥味。没有火燎器的，可以把五花肉放入烧热的炒锅内炙皮。
2. 燎完后，把皮上的杂质清洗干净。
3. 锅里烧水，水开后放入五花肉，大火煮30分钟，将肉煮熟后，捞出沥水备用。

上糖色

4. 锅烧热后，倒入25克白糖，用小火在锅中反复干炒，直至白糖完全融化变色。此过程中锅里不可倒油。
5. 当糖汁起泡时，加入清水，小火熬制10分钟即可。
6. 待糖汁自然冷却后，用刷子蘸取，均匀地涂抹于五花肉表皮上，剩余糖汁备用。

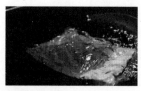

炸制五花肉

7. 锅里倒油，当油温到达40℃时，将五花肉放入锅中进行油炸。炸至表皮起泡后捞出沥油。

五花肉改刀

8. 将炸好的五花肉进行改刀，切成0.5厘米厚、20厘米长的肉片，尽量保持每一片的大小相同，厚薄均匀。
9. 切好后整齐装盘，撒上少许姜末和花椒。

炒制盐菜

10. 将盐菜放入清水中过一遍，捞出拧干水。
11. 在锅里倒50克食用油，放入花椒、干辣椒煸炒。
12. 煸香后放入洗好的盐菜，翻炒均匀，炒干盐菜的水即可出锅。

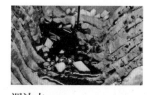

调汁水

13. 取1个空碗，分别加入老抽、生抽（老抽与生抽的比例为1∶2）、5克白糖、炒好的糖汁、醋、胡椒粉和少许白酒，搅拌均匀。

蒸烧白

14. 将调好的汁水淋在摆好盘的五花肉上。
15. 将炒好的盐菜平铺在烧白上，再将其放在蒸笼里蒸1小时左右，将盐菜的香味蒸进肉里，即可出锅装盘。

毛血旺

血

一锅红彤彤的热菜，汤色油亮，辣椒喷香。血旺嫩滑，火腿入味，素菜脆爽，滴上几滴香油，撒上几粒葱花。口味麻、辣、鲜、香、烫，出品大气、经济实惠、深受广大食客喜爱。

　　川渝美食多，要说什么下饭？绝对少不了毛血旺。毛血旺以鸭血为制作主料，烹饪技巧以煮为主，口味属于麻辣味。

　　说起毛血旺的起源，相传在20世纪40年代，重庆沙坪坝磁器口古镇水码头有一位王姓屠夫，他媳妇将每天卖肉剩下的猪头肉、猪骨加老姜、花椒、料酒用小火和豌豆一起熬成汤，再加入猪肺和肥肠制成杂碎汤当街贩卖。一次偶然机会，她在杂碎汤里直接放入了生猪血旺，发现血在里面越煮越嫩，使得整锅汤的味道更为鲜美，遂取名毛血旺。"毛"是重庆方言，意为粗犷、马虎。现在的毛血旺，经过不断地改良和创新，早已成为席卷大江南北的特色川菜。

大师教你做

刘俊良

成都和淦餐饮管理有限公司出品总监
中式烹调高级技师
中国烹饪大师

扫一扫了解更多

所需食材（食材用量仅供参考）

香料粉｜八角适量、沙姜适量、桂皮适量、丁香适量、小茴
　　　香适量、香果适量、高度白酒250克

毛血旺底料｜菜籽油15千克、牛油7.5千克、老姜250克、大葱250克、洋葱250克、糍粑辣椒段
　　　2.5千克、冰糖200克、郫县红油豆瓣酱5千克、永川豆豉500克、青花椒250克、
　　　红花椒750克、醪糟200克

毛血旺制作｜菜籽油适量、新鲜鸭血块500克、黄喉100克、毛肚100克、午餐肉100克、鳝鱼
　　　100克、黄豆芽100克、干辣椒节20克、干花椒5～8克、香芹段30克、蒜苗段
　　　30克、高汤1000克、花椒油5克、香油8克、蒜末25克、熟白芝麻10克、葱花或香
　　　菜10克、鸡精适量、味精适量、白糖适量、盐适量

*上述食材用量是店内大量生产制作用量，家庭操作可以适当缩减。

做法

制作香料粉

1. 将八角、沙姜、桂皮、丁香、小茴香、香果放在一起用
   机器打碎。

2. 再倒入温开水和高度白酒，用保鲜膜密封发酵4～6小时
   即可。

炒制底料 * 整个过程小火炒
制，锅内温度不低于100℃、
不高于110℃，效果最佳。

3. 将老姜切片、大葱切段，备用。

4. 锅里倒入菜籽油，烧至280℃去掉生菜油味，待油温
   下降至220℃时，放入牛油、老姜片、大葱段和洋葱，
   用中小火炸至金黄，然后将其全部沥油捞出。

5. 在油锅中放入糍粑辣椒段炒匀，然后放入冰糖。

6. 放入郫县红油豆瓣酱，小火炒至有香味发出、颜色变
   深时，加入永川豆豉、青花椒、红花椒和香料粉炒3～5
   分钟。

7. 倒入醪糟搅拌均匀后，起锅装桶，放置12小时即可
   使用。

处理鸭血

8. 将新鲜鸭血块放进锅里，小火慢煮，打去表面的浮沫，用筷子扎进鸭血里面，待没有血丝冒出后，沥水捞出，洗净备用。

9. 将过水后的鸭血切片。

配菜准备

10. 将黄喉、毛肚改刀，午餐肉切片，鳝鱼改刀成8厘米长的段，将切好的食材轻微过水后装盘备用。

11. 将黄豆芽氽水后，沥水捞出，备用。

炝炒

12. 锅内加入少许菜籽油，然后下入部分干辣椒节、干花椒炝香。

13. 然后加入氽水后的黄豆芽、香芹段、蒜苗段，再放入少许盐，炒香后倒入碗内打底。

熬制底汤

14. 锅里倒入高汤，再加入250克炒制好的底料，大火熬开。

15. 放入鸭血、鳝鱼段、午餐肉，加入鸡精、味精、白糖调味。

16. 煮入味后，放入黄喉和毛肚，起锅前加花椒油、香油，随即倒入盘内。

淋油

17. 锅内放入小半勺菜籽油，烧至180~200℃，取剩余干辣椒节、干花椒，用热油炝香。

18. 然后再放入蒜末，起锅直接淋在毛血旺上，撒上熟白芝麻、葱花或香菜即可。

～～～～

毛血旺的原料可以根据个人喜好添加，例如大虾、鱿鱼、肥肠等。传统的毛血旺做法不用勾芡，其煮制时间久，所以味浓味厚。现在讲究出菜效率，以勾芡来保持味浓是最简洁的方式。

粉蒸肠头

　　说起粉蒸，四川人太熟悉不过了——粉蒸牛肉、粉蒸排骨、粉蒸肥肠、粉蒸肉等，无数蒸笼重叠着，美味在慢火的微醺下不停地发酵，在被顾客"点名"之后取出，放入特调佐料或蒜水、新鲜葱花与香菜，端上桌，一股香气扑来。

　　刚出锅的粉蒸肥肠，肉质鲜嫩不老，外面包裹着米粉，米香肉糯，咸中有甜，回味足。一定要趁热吃，下两碗饭，倍感舒服。

扫一扫了解更多

大师教你做

飞　哥

醉义仙江湖菜厨师长

所需食材（食材用量仅供参考）

主料｜肥肠500克

配料｜红薯200克、黏米250克、糯米50克、黄豆100克

调料｜盐适量、醋适量、花椒20克、干海椒段50克、姜末20克、蒜末20克、泡椒末50克、鸡精5克、味精5克、白糖10克、花椒粉5克、胡椒适量、豆瓣酱30克

做法

处理肥肠

1. 肥肠先用水洗净，再加入盐和醋对肥肠再次进行清洗，最后用清水冲洗干净。此方法可洗掉肥肠上的黏液，也可去腥。

2. 将洗干净的肥肠改刀成约3厘米的段。肥肠段太大不易蒸熟，太小则口感欠佳。

制作米粉

3. 锅烧热后，往锅里倒入黏米和糯米翻炒均匀（黏米和糯米的比例为5：1）。

4. 加入黄豆炒熟，炒熟后再加入花椒、干海椒段小火慢炒，提升香味。干海椒炒脆后，即可起锅。

5. 将炒好的米倒入机器中，打碎成细末。重复搅打两次，使得米粉更细、更均匀。

腌制

6. 在肥肠里加入姜末、蒜末、泡椒末、鸡精、味精、白糖、花椒粉、胡椒和豆瓣酱，充分搅拌均匀。

裹粉

7. 将米粉倒入调好味的肥肠中，搅拌均匀，使每一段肥肠上面都裹满米粉。

蒸制

8. 将红薯切成滚刀块，摆放在蒸格的底部。

9. 再放上拌好的肥肠，将蒸格放在开水上蒸1小时即可。

干烧岩鲤

　　岩鲤，也称作岩原鲤，生长在长江中上游深层的岩石里，脊骨少，肉质厚实，有着极高的食用价值和营养价值。干烧岩鲤在川渝地区颇负盛名，其成菜色泽金黄、光亮，鱼肉紧密细嫩，味道鲜香微辣，糖醋味浓郁。

　　这道菜最突出的调味特点是3次使用姜、葱、蒜，将姜、葱、蒜的作用发挥到极致。其次还用到了川菜的传统技艺"干烧法"，又称"自来芡""自然收汁"，以大量鲜肉汤加调味料，将鱼烧至汁干入味。

扫一扫了解更多

大师教你做

张 钊

重庆市餐饮行业协会名厨联谊会副会长
重庆市旅游职业学院客座教授

所需食材（食材用量仅供参考）

主料｜岩鲤750克

腌制｜料酒25克、盐5克、姜25克、葱25克

配料｜菜籽油适量、火腿粒25克、姜末20克、蒜末20克、糖5克、醋10克、味精2克、葱花25克、香油5克

汤底｜豆瓣酱40克、泡辣椒15克、姜15克、葱15克、蒜15克、醪糟水20克、清水400克

做法

处理岩鲤

1. 将岩鲤宰杀洗净，正反两面各划几刀，放入热水里烫一下，使得鱼肉鱼皮不易分离。
2. 在鱼的里外均匀地涂上料酒和盐，然后用姜、葱按摩鱼身，腌制10～20分钟，再用清水冲洗一下，备用。

炸制

3. 锅内倒菜籽油，烧至七八成热。鱼放入锅中，炸2分钟左右，至颜色呈芽黄色，捞出沥油，备用。

处理配菜

4. 锅内放少许菜籽油，下入火腿粒、姜末和蒜末炒香，然后盛出备用。

制汤底

5. 锅内倒入菜籽油，下入豆瓣酱、泡辣椒，炒香后下入姜、葱、蒜，继续煸炒片刻。
6. 下入醪糟水去腥提香，倒入清水熬煮3～4分钟后，滤去料渣，备用。

干烧

7. 将炸好的鱼放入底汤中，依次加入糖、醋、味精。
8. 放入炒好的姜末、蒜末和火腿粒，烧制过程中需要不断把汤汁淋在鱼身上。
9. 待汤汁收到一半时，盖上锅盖烘一下鱼肉，使得鱼肉更加蓬松鲜嫩，出锅前撒上葱花和少许香油即可。

邮亭鲫鱼

　　邮亭鲫鱼汤鲜肉嫩，滋味深透全鱼，越吃越香，令人欲罢不能。吃鲫鱼的时候，先从鱼脊把肉剔下来，再蘸一点香料，最后吃鱼头。

扫一扫了解更多

大师教你做

陈青和

邮亭鲫鱼非物质文化遗产传承人

所需食材（食材用量仅供参考）

主料｜鲫鱼1500克

腌制｜姜、葱、料酒、盐各适量

调料｜菜籽油适量、郫县豆瓣酱50克、泡红辣椒50克、辣椒粉10克、姜末10克、花椒15克、高汤2000克、料酒20克、泡萝卜30克、葱20克、芹菜300克、鸡精1克、味精1克、白糖1匙、大蒜20克

淋油｜菜籽油、花椒、大蒜、干辣椒段、醪糟水、辣椒粉、花椒粉、葱花各适量

做法

处理鲫鱼

1. 鲫鱼宰杀洗净后，在正反两面划几刀。
2. 撒上姜、葱、料酒、盐混合均匀，按摩一下，腌制10分钟。

制作汤底

3. 菜籽油烧至五成热，下入郫县豆瓣酱、泡红辣椒、辣椒粉、姜末、花椒炒香。
4. 炒至油呈红色时，下入高汤（可用清水代替）、料酒、泡萝卜，熬出味。

煮制

5. 汤底烧开后，下入腌制好的鲫鱼煮10分钟。
6. 放入葱和芹菜，煮至八成熟。
7. 起锅前放入适量的鸡精、味精和白糖，盛入容器。

淋油

8. 冷油下入花椒和大蒜炒出香味，放入干辣椒段，炸至棕红色，然后放入醪糟水。
9. 在煮好的鲫鱼上撒上辣椒粉和花椒粉，把炼制好的油淋上去，撒入葱花点缀，即可。

椒香鹅什锦

有别于其他重油、重麻、重辣的江湖菜，椒香鹅什锦的味型
较为清淡，鹅肝绵密、鹅肠爽脆、鹅郡弹牙，鲜香适口、微麻微
辣，花椒和藤椒的浓郁香味充斥在口中。

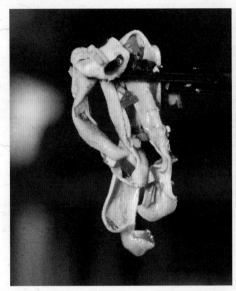

　　一份好的卤味总能以它诱人的香味、鲜亮的色泽和醇厚的味道牵引着众多吃货的心。而决定卤味是否美味的秘诀则在于卤汁。一锅好的卤汁，就像电影里的魔法药汤，拥有着让普通食材变得美味的神奇力量。

　　卤汁在各地的风味也不尽相同，其中最具代表性的有四川风味、泉州风味和潮汕风味。不同的土地，碰撞出相似的美食。人们从未停止寻找的脚步，在风味中激发灵感。它们的香味、味型都带着浓郁的地方特色，例如：四川的卤味偏麻辣，而潮汕的卤味则是偏咸鲜味，但是它们都拥有着共同的特点：好吃。

　　椒香鹅什锦的卤汁选用土鸡、土鸭、土鹅、金华火腿、猪筒骨、瑶柱，配合数种香料熬煮七八个小时，把所有食材的精华全部融化在这一锅浓浓的高汤里。再放入青红花椒和藤椒油，增添一层微麻微辣的口感，铸就了这芳香四溢的风味卤汁。

大师教你做

冯 伟

中国烹饪大师

扫一扫了解更多

所需食材（食材用量仅供参考）

主料｜鹅肝、鹅郡、鹅肠

高汤｜土鸡1只、鹅1只、肘子1只、土鸭1只、猪筒骨2500克、姜500克、葱1000克、花椒约
20颗、香叶3克、沙姜2颗、白酒100克、盐适量、金华火腿1000克、瑶柱150克、青花椒
约20颗、藤椒油适量

蘸水｜灯笼椒、石柱红辣椒、花椒、芝麻、五香炒盐、味精、葱花、香菜按个人口味适量选
取，其中灯笼椒和石柱红辣椒比例为3：7

*上述食材用量是店内大量生产制作用量，家庭操作可以适当缩减。

做法

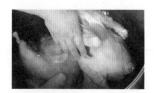

处理食材

1. 土鸡冷水下锅，加入花椒、姜、葱、白酒，烧开后撇去浮沫，然后洗净。鹅、肘子、土鸭、猪筒骨也用同样方式处理好，备用。

制作高汤

2. 把处理好的食材冷水下锅，烧开后，加入姜、葱、花椒、香叶、沙姜、白酒、盐、金华火腿和瑶柱，煮开后把火关小，不盖盖子炖煮7~8小时。

3. 炖煮完成后，把汤过滤一下，转入砂煲里，加入青花椒和藤椒油。

4. 汤底制作完成后，放入鹅肠，烫卷即可。

卤制

5. 把鹅郡、鹅肝下入锅中，小火卤制约10分钟，关火后再闷40~50分钟，即可。

改刀

6. 将鹅肝切片，鹅肠切节，鹅郡改花刀。

制作搓椒

7. 将灯笼椒、石柱红辣椒、花椒和芝麻下锅慢慢炕至辣椒呈棕红色，用手搓碎即可。

调制蘸水

8. 将搓椒、卤鹅的原汤、五香炒盐、味精、葱花、香菜混合调匀即可。

黔江鸡杂

　　黔江鸡杂是一道传统的江湖菜，家常味浓厚，兼具江湖菜豪迈爽快的气质。以鸡肝、鸡胗、鸡肠为主要原料，辅以泡野山椒、鱼香泡辣椒、胭脂萝卜等，经热油爆炒后，脆嫩鲜香、色鲜味美，令人食欲大增。

　　这道菜的烹饪方法并不复杂，食材也很普通，美味的秘诀就在于"四川泡菜"的使用。这道菜里总共使用了四种泡菜：泡姜、泡野山椒、鱼香泡辣椒和胭脂萝卜。泡胭脂萝卜是黔江当地的特产，清鲜爽口，可以很好地化解油腻，开胃下饭的效果极佳，是黔江鸡杂里不可缺少的重要食材。而泡姜、泡野山椒、鱼香泡辣椒除了能消解内脏的腥味，还能为菜品赋予一种特别的乳酸味，是任何调料都无法替代的。

扫一扫了解更多

大师教你做

熊 云

中国烹饪大师
全国五一劳动奖章获得者

所需食材（食材用量仅供参考）

主料｜鸡肝500克、鸡肠400克、鸡胗400克

配料｜胭脂萝卜250克、豆干150克、木耳150克、土豆250克、圆白菜250克

调料｜菜籽油适量、干辣椒节100克、干花椒50克、泡姜60克、泡野山椒80克、鱼香泡辣椒末
150克、蒜50克、葱100克、味精适量、鸡精适量、胡椒粉适量、啤酒250克

做法

处理鸡杂

1. 将鸡肝切片、鸡肠切段、鸡胗改花刀。
2. 锅内倒水加热，再倒入适量啤酒，把鸡杂放进去焯水，
   去除腥味，捞出沥水备用。

处理配料

3. 将胭脂萝卜切条、豆干切段、葱切段。
4. 木耳泡发后，氽水。圆白菜氽水后切成丝。
5. 土豆切条，放油锅里炸至浮起。

炒制

6. 锅中倒菜籽油，烧至四五成热时，放入干辣椒节炒至棕
   红色后，放入干花椒、泡姜、泡野山椒、鱼香泡辣椒末
   和蒜，炒出香味。
7. 炒出底料颜色和香味后，下入胭脂萝卜炒出香味，放入
   焯好水的鸡杂，加入葱段和清水，撒入适量味精、鸡
   精、胡椒粉炒匀，烧开。
8. 处理过的木耳、土豆、豆干、圆白菜放在砂锅里打底，
   最后倒入炒好的鸡杂即可。

装盘

药膳烧鸡公

　　"烧鸡公"也是我们常说的"鸡公煲"，药膳烧鸡公在传统烧鸡公的基础上添加了当归、党参、沙参、白蔻等药材，使得成菜的口味多了一层药材香。虽然是药膳，但口味却是典型的江湖菜，使用了大量的花椒、辣椒以及泡椒，成菜红亮诱人，让人食欲大开。

扫一扫了解更多

大师教你做

熊　云

中国烹饪大师
全国五一劳动奖章获得者

所需食材（食材用量仅供参考）

主料｜土鸡2500克

调料｜泡辣椒100克、泡野山椒50克、泡姜80克、干辣椒100克、花椒120克、辣椒粉250克、味精60克、鸡精50克、胡椒粉少许、盐少许

药材｜当归40克、党参40克、沙参60克、白蔻10颗、红枣6颗、草果1颗

油｜色拉油、菜籽油各适量

做法

处理鸡肉

1. 将土鸡宰杀洗净后，去掉臀尖，再改刀成大块。

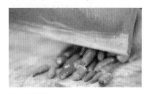

处理配料

2. 泡辣椒和泡野山椒改刀成小段，泡姜切小块。

制辣椒粉

3. 小火热油，下入干辣椒，煸炒成棕红色后，盛出。
4. 辣椒放凉后，用工具碾细，备用。

炒制

5. 锅内热油，菜籽油和色拉油各一半。
6. 下入花椒，然后再下入泡辣椒、泡野山椒和泡姜，炒出香味。
7. 下入鸡块，炒至鸡肉变干收缩，再下入辣椒粉炒出色泽，加入4炒勺清水。
8. 下入味精、鸡精、胡椒粉和盐调味，最后加入药材。

高压锅压制

9. 把调好味的鸡肉放入高压锅内，压制6～7分钟。
10. 冷却后打开高压阀，过滤掉多余的花椒，即可成菜。

尖椒鸡

尖椒鸡也叫尖椒轰炸鸡，鸡肉外酥里嫩，麻辣鲜香，清香味很突出。青椒和藤椒裹挟着鸡肉的香气扑面而来，像一阵强势的风暴，红色的小米椒点缀其中，增添一抹柔和。

扫一扫了解更多

大师教你做

杨定云

重庆市永川区烹饪协会副会长

所需食材（食材用量仅供参考）

主料｜乌鸡500克

腌制｜盐5克、生抽20克

配料｜青小米椒300克、红小米椒300克、仔姜50克、葱30克、干花椒50克、青花椒50克

调料｜菜籽油1000克、鸡精10克、味精5克、藤椒油10克

做法

处理食材

1. 乌鸡去掉内脏后砍成两半，三四个人吃的话半只鸡就可以。先把翅膀砍下来切成丁，鸡肉也分别切成丁，注意肉丁不要太大，大概比小拇指长一点就可以。

2. 切好的鸡肉放入碗内，放一点盐和生抽，抓匀后腌制7~8分钟。

3. 在等待鸡肉入味的时候，可以准备配料。青小米椒、红小米椒、仔姜和葱，分别切成小节备用。

炸制

4. 锅中放菜籽油，五成热时把鸡肉下锅滑散，微炸后捞起。

5. 待油温升至七八成热时，把鸡肉下锅复炸1分钟左右，炸至外表略酥。

炒制

6. 锅内留少许底油，先把干花椒和青花椒炒香。然后下入青、红小米椒把味道炒出来。

7. 接着放仔姜翻炒，仔姜的香味可以去掉鸡肉的腥味。

8. 待食材的香味慢慢散发，下入炸好的鸡肉翻炒，然后加入鸡精、味精调味，放入葱节增香。

9. 起锅前倒入藤椒油，清香味更浓郁。

　　夹一块切成小丁的鸡肉，麻辣味在口腔中炸开，仔细一品，淡淡的姜味散出，不起眼的仔姜，清香提味却又不抢风头，要是不想出去吃，尖椒鸡在家操作起来也很简单。选用七八个月的乌鸡，切成小丁，用盐和生抽腌制以后，炸两次，让鸡肉外酥里嫩。干花椒和青花椒负责麻，青红椒增加辣度，鸡精和味精调味。起锅加入藤椒油，各种味道融合在鸡肉里，下酒也下饭。

辣子鸡

辣子鸡早在1957年就被收录进了《中国名菜谱》，只不过当时的辣子鸡还被叫作钢铁仔鸡。"钢"代表辣椒，"铁"代表花椒，现在的辣子鸡就是在钢铁仔鸡的基础上改良创新而来。

辣子鸡里使用了大量的干辣椒、干花椒，其最大的特点就是辣椒、花椒比鸡肉还多，所以也有食客调侃地称其为"拨椒鸡"，形容在吃这道菜的时候，需要用筷子不停地拨开辣椒、花椒去找鸡肉。

辣子鸡的烹饪手法并不复杂，但在食材的选择上需要下一番功夫。鸡需要选家养土仔鸡公，肥肉少，香味更浓郁，而且要现杀现烹，以保证鸡肉的鲜嫩。这道菜一共使用了3种辣椒，湖南的小米椒增添辣味，重庆的石柱红辣椒增添香味，河南的内黄新一代辣椒则进一步提升了它的色泽和香味，3种辣椒搭配起来天衣无缝，缺一不可。辣子鸡中的花椒非川产茂汶大红袍花椒不用，大红袍花椒色泽鲜艳、香味浓郁、麻味适中，使用它烹制出的辣子鸡香气扑鼻，麻而不苦。

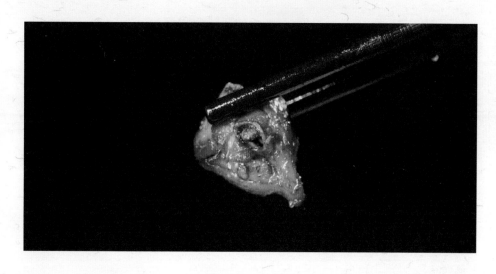

大师教你做

张 钊

重庆市餐饮行业协会名厨联谊会副会长
重庆市旅游职业学院客座教授

扫一扫了解更多

所需食材（食材用量仅供参考）

主料｜仔鸡公500克

调料｜小米椒50克、石柱红辣椒100克、内黄新一代辣椒150克、葱少许、姜少
许、蒜少许、大红袍花椒50克、酱油30克、味精3克、白芝麻30克、葱
花适量、菜籽油适量

香料｜桂皮2片、小茴香少许、白芷少许、白蔻少许、香叶3片、八角2个

做法

处理仔鸡公

1. 将仔鸡公宰杀洗净后，改刀成约2厘米的块。

处理辣椒

2. 把小米椒、石柱红辣椒、内黄新一代辣椒的辣椒籽筛干净，备用。

炒制

3. 锅内放入足量菜籽油，下入葱、姜、蒜和香料，炒出香味后捞出。

4. 锅内温度控制在150~160℃，下入3种辣椒持续翻炒。

5. 待辣椒炒至棕红色时，下入鸡肉煸炒。

6. 炒至鸡肉变白时，下入大红袍花椒炒香，然后淋入酱油继续翻炒。

7. 起锅前撒入味精，盛出后撒上白芝麻和葱花装饰，即成。

寻味蜀道

川
北
〰〰

川北，在古时候可是出川要道，从四川到长安的必经之路，曾让诗仙李白发出"蜀道难，难于上青天"的喟叹。

广义上的川北主要包括广元、巴中、南充、绵阳四个城市，而我们的川北美食之行主要集中在广元和绵阳。

广元是北上的出川要道，"凉面不过剑门关"，蒸凉面还有苍溪的雪梨坨子肉，剑门关的豆腐……每一样都引人垂涎三尺，品尝后令人念念不忘。

红汤、清汤、对浇，听起来像在对暗号，其实是绵阳米粉的味道。对当地人而言，清早一碗米粉，价格适中，丰俭由人，味道极好又能快速填饱肚子。所有面食到了这里，面对地道的绵阳米粉都要退出一射之地，米粉才是绵阳早餐界的无冕之王。但既然说到面食，那有成都"北大门"之称的广汉也必须有一席之地。

通过坐杠、压面、三推四压，使面条光洁、细韧、滑爽，仿如青丝在口中回旋，一碗看似普通的大刀金丝面背后却是师傅几十年如一日的苦练，每一刀都胸有成竹，分毫不差，不逊色于武侠小说中的顶级刀客，让人的视觉和味蕾都得到极大的享受。

如今交通越来越发达，蜀道早已不难，喜欢川北的朋友们，有机会一定要去试试当地独特的美食。

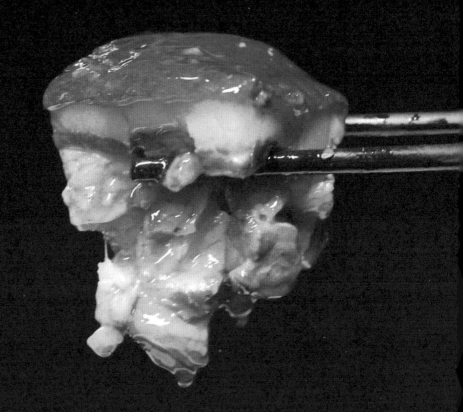

雪梨坨子肉

肉

坨子肉是川渝地区一种类似红烧肉的佳肴，但其制作工艺不同于红烧肉，是当地逢年过节、结婚摆酒时必不可少的一道菜。

　　广元过去的达官贵人在烹饪坨子肉时经常搭配苍溪雪梨，于是成就了这道官府名菜雪梨坨子肉。官府菜以制作精致、用料讲究而闻名。雪梨坨子肉看似简单，实则用料讲究，步骤细致，有别于"家常菜"。

　　首先搭配坨子肉的雪梨，可不是一般的梨子，选用的是广元当地特产苍溪雪梨。由于独特的地理环境，四川广元苍溪县所产水果具有"果大核小，肉质脆嫩，汁多味香，甘甜化渣"的特点，最大单果的重量可达1.5千克以上，可食部高达90.4%，被誉为"砂梨之王"。用雪梨搭配坨子肉，就是将水果和肉类相结合。坨子肉吸收了雪梨的香甜，雪梨化解了坨子肉的油腻，两者互相溶解，香气四溢。

　　但仅凭雪梨带来的果香味，就能做到如此层次丰富的口感吗？雪梨坨子肉的另一个精髓在于选油。肉入口不仅肥而不腻，回味时还能感受到浓郁的香味，赋予食物这种灵魂香味的就是"油"。用花生油炸过后的五花肉，将肉香味最大程度地激发出来，使其更添一分醇香，在后续与雪梨搭配后，使得菜品口感层次更丰富。

大师教你做

李泽全

广元餐饮协会副会长

扫一扫了解更多

所需食材（食材用量仅供参考）

主料｜三线五花肉500克、苍溪雪梨5个、姜50克、蒜20克、八角10克、香叶10克、花生油500克、高汤适量

炒糖色｜冰糖50克、食用油10克、开水10克

炒豆瓣酱｜食用油100克、郫县豆瓣酱150克、姜末30克、蒜末20克、豆豉20克

做法

烙皮

1. 锅里倒少许油烧热，然后将三线五花肉放进锅中，带皮烙成虎皮状后，用刀刮去多余的杂质。

炒糖色

2. 锅烧热加水，倒入冰糖和少许食用油，小火慢炒至冰糖溶解。待炒至棕红色时，加入少许开水即可。

上糖色

3. 待糖色冷却后，均匀地将糖色抹在猪皮上，然后再冷却15分钟，使得糖色充分附着在猪皮上。

油炸

4. 锅里倒入花生油，下五花肉油炸，油温控制在150℃左右，炸至猪肉变成枣红色时捞出，放在开水里浸泡30分钟，成虎皮皱即可。

改刀

5. 将炸好的五花肉改刀成6厘米的方块，然后再把肉翻过来改成十字花刀，全部切好后备用。

码味

6. 锅里倒食用油，加入郫县豆瓣酱炒香，然后加入姜末、蒜末和豆豉炒匀。将炒好的豆瓣酱倒入切好的坨子肉中（500克坨子肉配150克豆瓣酱酱），拌匀码味。

文火慢煨

7. 砂锅里倒入高汤，将码味后的坨子肉放进砂锅中，高汤需没过坨子肉。然后再撒上姜、蒜、八角、香叶，大火烧开后改用小火慢煨1.5小时。

掏空雪梨

8. 将从雪梨蒂柄那头用小刀斜着环切一圈，取下一个"帽子"，然后将雪梨掏空备用。

蒸制

9. 将煨好的坨子肉放入雪梨中，盖上雪梨"帽子"，蒸制20分钟左右即可。

金牌朱氏霸王肘

金牌朱氏霸王肘出自朱万成大师之手，曾荣获1999年在广州举办的国际中餐烹饪大赛金奖，因而得此名。这道菜根据传统家常肘子改良而成，相较传统做法，它突出辣和香。进口先辣后麻，回味是香，最后有甘甜。整道菜口感软糯，装盘后大气豪爽。

猪前肘皮厚、筋多、胶质重、瘦肉多，带皮烹制，肥而不腻，堪称"神仙肉"。处理好的猪肘经过一段时间的炖煮，原本紧实的肉变得松软晶莹，肉香混着香料味，刺激鼻腔。放凉的肘子淋上现调的酱汁，色泽红亮，翠绿的莴笋用来解辣，软糯中带着筋道，可谓一绝。

扫一扫了解更多

大师教你做

朱万成

资深级注册中国烹饪大师
中江妙味天香技术顾问

所需食材（食材用量仅供参考）

主料｜猪前肘1个（约1000克）莴笋1个

卤制｜生姜40克、大葱80克、八角2克、桂皮2克、草果2个、香叶2克、砂仁2克、盐3克、料酒3克酱汁｜小米椒40克、蒜15克、生姜20克、大葱25克、白糖8克、鸡精2克、酱油10克、花椒面5克、豆瓣酱70克、辣椒酱70克、幺麻子藤椒油10克、红油50克、芝麻适量

做法

处理食材

卤制

调制酱汁

摆盘

1. 先用火将猪前肘表面的毛烧尽，然后用刀反复刮干净表皮。
2. 将食材中一半的八角、桂皮、草果、香叶、砂仁用料理机打成香料粉备用。
3. 猪前肘冷水入高压锅，依次加入生姜、大葱、盐、料酒和剩下的八角、桂皮、草果、香叶、砂仁进行白卤，香料要轻，每样的用量不超过4克。
4. 大火把高压锅烧上汽，然后转中火炖卤25分钟。
5. 将压好后的猪前肘捞起来放凉，卤肘子的原汤也放凉备用。
6. 小米椒、蒜、大葱、生姜用刀拍烂后，剁成粗碎末。
7. 将碎末放入碗中，加白糖固定锁味。依次加入鸡精、酱油、花椒面、豆瓣酱、辣椒酱、香料粉、幺麻子藤椒油和红油。
8. 最后放入刚刚冷却的原汤，搅拌均匀。
9. 肘子放在盘子中间，调好的酱汁淋上去，撒上芝麻。
10. 莴笋切成吉庆块摆在盘边，用以缓解辣味。

调味比例很重要，一定要加适量原汤，辣椒油要红亮，味才香。此菜适用于宴席，可根据不同口味调制不同的味型。

刀尖丸子

广元人把所有能想到的烹饪方式都运用到了豆腐上。炒、
炸、烧、蒸、煎、炖、凉拌等。当地人专研于豆腐菜品的创新，也
创造出了"天下第一豆腐宴"。刀尖丸子就是用剑门豆腐和猪肉做
的，吃起来不腻不燥，柔软筋道，充满了豆香和清香。

提到广元，尤以剑门豆腐最有特色。俗话说："不吃剑门豆腐，枉游天下雄关"。千百年来，剑门豆腐的美名衬托着剑门雄关的英姿，体现出钢铁英雄柔情的一面。吃豆腐，一定要来广元，这里千百年的豆腐工艺绝非浪得虚名，色雪白、质细嫩、软硬适宜、表面不粘，弹性、韧性都绝好。

剑门豆腐的原料采用本地山区砾岩油沙石土出产的黄豆，由于地理优势，土质干燥，透风良好，产出的大豆自然富含蛋白质。大自然的馈赠成就了这道独一无二的美食。除此之外还需要用到剑门七十二峰的泉水，其峰山势巍峨，泉水有着丰富的矿物质，为豆腐增添了独特的滋味。

剑门豆腐的制作都是使用人工推石磨、拐磨拐，相比使用机械，磨出的豆渣少，点出的豆腐不仅量多，而且柔滑水嫩。而且剑门豆腐最大的特点就是不使用石膏点浆，而采用广元特有的酸菜酸水点浆，这样做出来的豆腐没有任何酸味，更加天然养生。

大师教你做

张光智

广元市烹饪协会副会长

扫一扫了解更多

所需食材（食材用量仅供参考）

主料｜剑门豆腐250克、猪胛子肉200克

配料｜鸡蛋3个、黄花适量、海带丝适量、面粉少许

调料｜姜10克、葱段10克、嫩花椒5克、橙子皮1个、橙子半个、盐适量、干淀粉30克、香油5克、鸡汤适量、菜籽油适量、葱节少许

做法

准备豆腐

1. 将剑门豆腐切成约0.5厘米厚的片，然后将豆腐放平，用刀使劲抹压，将豆腐压成糊状，备用。

备菜

2. 将猪胛子肉洗净，去皮后，切成丁状块。姜拍碎，葱切成葱花，拍碎嫩花椒并去掉里面的花椒籽，橙子皮切成小丁状块备用。

槌打肉馅

3. 将切好的猪肉丁和碎姜、葱花、花椒碎、橙皮丁搅拌在一起，用擀面杖捶打成糍粑状即可。

搅拌馅料

4. 将肉馅儿和豆腐糊放入碗中，挤入半个橙子的汁，再加入1个鸡蛋、盐、干淀粉、油，朝一个方向搅动120次，直至所有食材搅拌均匀。

整形

5. 锅里倒入菜籽油，将菜刀刀尖在油锅里沾一下，再用刀尖取适量搅拌好的肉末豆腐馅，用手抹成子弹般的形状。

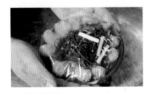

二次油炸

6. 油六成热时，将整形后的肉末豆腐馅放入锅中油炸，慢火炸成金黄色。看到锅中豆腐浮起来以后，沥油捞出。晾15秒左右，放入锅中进行二次油炸。炸20秒左右，沥油捞出即可。

入笼蒸制 *海带丝可以加醋清洗，更干净。*

7. 将豆腐摆盘，中间放入黄花和海带丝。
8. 鸡汤中放几粒花椒、盐和葱段搅拌均匀。将调制好的鸡汤淋在碗中，盖上保鲜膜，放入蒸笼，蒸1小时左右。

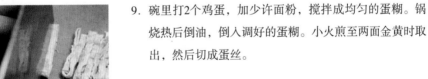

制作蛋丝

9. 碗里打2个鸡蛋，加少许面粉，搅拌成均匀的蛋糊。锅烧热后倒油，倒入调好的蛋糊。小火煎至两面金黄时取出，然后切成蛋丝。

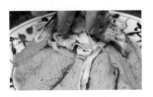

装盘

10. 豆腐蒸好后取出装盘，滤掉之前的鸡汤，加入新鲜鸡汤，表面放入蛋丝即可成菜。

怀胎豆腐

　　广元人喜豆腐，对豆腐的做法也颇有研究，大致可以分为三类：一是传统家常菜，如怀胎豆腐、养生豆腐、熊掌豆腐等；二是和三国典故有关的菜，如周瑜水师（豆腐烧鱼）、火烧赤壁（锅巴豆腐）等；三是创新菜，用传统的豆腐和新式手法结合做的菜品，更受年轻人欢迎。

　　广元剑门豆腐宴中就有一道传统家常菜——怀胎豆腐，相较于其他豆腐菜品来说，怀胎豆腐的做法更为复杂，其制作时间更长，慢工出细活。当地人在简单的食材里添加了多种元素，完成豆腐的华丽变身，一口咬下去，外焦里嫩，舌尖存有的大豆香和浓厚的四川泡椒味相互萦绕，十足下饭。

扫一扫了解更多

大师教你做

张光智

广元市烹饪协会副会长

所需食材（食材用量仅供参考）

主料｜酸水豆腐500克、猪前夹子肉100克、食用油适量

调料｜姜末15克、葱花20克、蛋清3个、盐5克、味精少许、豆粉30克、花椒10
　　克、泡姜10克、泡辣椒15克、豆瓣酱10克、蒜苗10克、花生油少许

制作蛋糊｜面粉15克、淀粉20克、鸡蛋2个、花生油20克、盐少许

汁水调制 | 白糖3克、味精少许、酱油少许、淀粉8克、鸡汤50克

做法

制作肉馅

1. 猪前夹子肉切成碎末，加入姜末、葱花，用刀背捶打成糍粑状。
2. 在捶打好的肉末里加入蛋清、盐、味精、豆粉朝一个方向搅拌均匀备用。

制作蛋糊和汁水

3. 另备一碗，加入面粉、淀粉、鸡蛋、花生油和少许盐朝一个方向搅拌均匀，备用。
4. 另备一碗，加入白糖、味精、酱油、淀粉和鸡汤搅拌均匀。

制作怀胎豆腐

5. 把酸水豆腐切成长3厘米、宽2厘米、厚1厘米的小方块。
6. 锅里烧宽油，保持中等油温，将切好的豆腐块放入锅中炸至表面金黄。
7. 将炸好的豆腐块划一条口子，把做好的肉馅灌进去。再将豆腐块裹满蛋糊。

炸制豆腐

8. 将裹好蛋糊的豆腐放入油锅中，用中等油温进行油炸。
9. 炸了之后，沥油捞起，停留10秒后再次放入油锅中进行复炸。

炒制

10. 锅里留少量底油，加入花椒、泡姜、泡辣椒、豆瓣酱，煸炒出香味。
11. 倒入炸好的豆腐，再加入调好的汁水。
12. 豆粉加水调成水豆粉。待锅里收汁亮油时，撒上葱花、蒜苗、水豆粉翻炒几下，最后加入少许花生油即可出锅。

赛熊掌

　　熊掌作为传统山珍之一，现在已经被禁止食用，于是便有了这道仿照熊掌而做的赛熊掌。想要做好赛熊掌，首先得将肥瘦比例为1：9的猪肉切碎，加上白卤的牛头皮，制成熊掌形状，这能模拟熊掌厚实的口感和表面厚厚的胶原蛋白。其次，需要用羊肚菌增加"熊掌"的鲜美，黄姜粉和麦芽粉的独特味道，能使"熊掌"吃起来更加逼真。最后铺上竹燕窝，棕黑的色泽和毛茸茸的质感能模仿熊掌的表皮，腰果则起画龙点睛的作用，让整个"熊掌"更为饱满。

扫一扫了解更多

大师教你做

朱万成

资深级注册中国烹饪大师
中江妙味天香技术顾问

所需食材（食材用量仅供参考）

主料｜牛头皮350克、水发竹燕窝300克、羊肚菌150克、猪肉280克、腰果5颗

配料｜香料15克、姜片30克、葱片30克、料酒5克、鲜汤适量、盐2克、鸡蛋50克、黄姜粉2克、麦芽糖粉适量、水淀粉适量、上海青100克、野山椒粒25克、南瓜汁30克、高汤500克、鸡精适量、食用油适量

做法

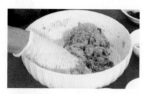

制肉馅

1. 将牛头皮加香料、姜片、葱片、料酒、鲜汤用压力锅压20分钟至耙软。
2. 牛头皮捞起放凉，切成末备用。
3. 将水发竹燕窝、羊肚菌分别切碎。
4. 将猪肉剁成末放入容器中，加入牛头皮末、羊肚菌末、盐、鸡蛋、黄姜粉、麦芽糖粉、水淀粉搅匀。

做"熊掌"

5. 取一个抹了油的盘子，用制好的肉馅整出"熊掌"雏形，放入蒸锅中，蒸30分钟后取出。
6. 将处理过的竹燕窝末均匀地铺在"熊掌"表面，稍微修整形状后上锅蒸2分钟，取出滑入大盘中。
7. 在"熊掌"上插入腰果模拟"熊爪"，再仔细修整形状，备用。

摆盘

8. 上海青洗净，切去叶子，将茎部刻成花朵状，用余水断生后捞起。
9. 起锅，中火少油，下野山椒粒炒香。
10. 倒入南瓜汁和高汤烧开，调入盐、鸡精，用水淀粉勾芡收汁。
11. 捞出残渣后，将汤汁浇在盘中，最后点缀上菜茎花，即可上桌。

~~~~~

　　这一道不按常理出牌的川菜，是依靠现代人对熊掌的理解仿制而成。选料考究，精工细作，形神兼备，甚至连熊爪毛茸茸的感觉都刻画得入木三分。入口是咸鲜醇香的味道，牛头皮的加入，让胶质感更为饱满，金汤汁酸酸辣辣，好看又开胃，赋予这道菜不一样的风味。

绵阳米粉

北方喜食面，南方好嗦粉。粉是中国南方地区流行的美食，特别是在广西、四川、湖南、贵州等地，更是对粉情有独钟。在南方，粉似乎也成了对家乡的记忆，许多游子归乡的第一件事，就是吃碗家乡的粉。

说起四川的米粉，必须得说到一个城市，那就是绵阳。米粉作为绵阳的特色，已经成为城市的一张名片。绵阳米粉有着1800多年历史。论及缘起，还和"他文有诸葛遗风，武俱姜维之勇"的蒋公琰有关。传闻他微服私访绵州，在品尝过绵阳米粉后，提出将粗米粉变成细米粉，方便入味，也更劲道。这一改变形成了绵阳特有的细米粉。

地道的绵阳米粉分为红汤、清汤、对浇（对浇也称为清红汤）三大类。不管细粉还是粗粉，无论红汤还是清汤，四川的每个城市对米粉都有自己的看法，早餐一碗粉，总能唤起一天的精神。

扫一扫了解更多

大师教你做

陈 华

中国烹饪协会名厨专业委员会副秘书长
绵阳市烹饪协会副会长

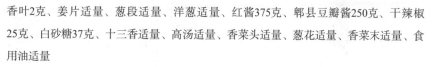

所需食材（食材用量仅供参考）

主料｜米粉适量、牛腩375克

调料｜八角4克、桂皮4克、豆蔻1.25克、山柰4克、小茴香4克、
香叶2克、姜片适量、葱段适量、洋葱适量、红酱375克、郫县豆瓣酱250克、干辣椒
25克、白砂糖37克、十三香适量、高汤适量、香菜头适量、葱花适量、香菜末适量、食
用油适量

*用油说明：菜籽油900克、牛油225克。

做法

制作红汤底料

炖制牛肉

煮粉

1. 将八角、桂皮、豆蔻、山柰、小茴香、香叶用搅拌机打碎成香料粉。

2. 锅里倒入菜籽油，油温热后放入切好的姜片、葱段和洋葱，用中小火炸至金黄干煸，然后将其沥油捞出。

3. 锅中下牛油，牛油与菜籽油的比例为1∶4。

4. 锅中下红酱，炒2~3分钟，再加入郫县豆瓣酱炒熟。

5. 下入泡过水的干辣椒。待干辣椒炒至颜色变成淡红色时，放入白砂糖调味。

6. 关火后，加入香料粉搅拌均匀后再放入十三香搅拌均匀即可。

7. 将新鲜牛腩洗净后切成4厘米见方的块。

8. 锅内放入食用油，烧热后加入牛肉块炸5分钟左右，捞起待用。

9. 准备砂锅，将炒好的红汤底料和高汤冲兑在一起，小火烧开后加入姜、葱、香菜头和牛肉块，炖50分钟即可。

10. 锅内烧水，水烧开后保持文火状态，不能沸腾，将米粉放入开水中烫2秒左右，迅速捞起放入碗内。

11. 将炖牛肉的汤倒入装米粉的碗里，再放入煮好的牛肉，撒上葱花、香菜末即可。

大刀金丝面

广汉大刀金丝面可谓四川面食中的一绝。金丝面起源于广汉，至今已有100多年的历史。

说起大刀金丝面的来头，每一个字都饱含深意。大刀，意指大厨使用的1千克重的大刀，制作时左手按住面皮使下刀力量又匀又稳，右手提刀切出的面，细可穿针。金丝，来自土鸡蛋，和面的时候不加一滴水，只放鸡蛋，使金丝面更有劲道且质感滋润。金丝面并不用清水煮，而是换做高汤煮面，轻轻一把投入开水白菜的高汤中，是川菜的顶配。

厨师圈里有这么一句话："老百姓要吃金丝面，我们就要流一身汗。"其原因就在于金丝面的制作方法不同于其他的面，除了必需的"三推四压"外，金丝面还需要经过独特的"坐杠"步骤。两米长的竹竿，师傅坐在一头轻轻弹跳，用身体的重力反复推压面团，类似轧面技法。只有这样，才会使面团最终变得如绸缎般光滑。

扫一扫了解更多

大师教你做

王小华

广汉金丝面第五代传承人

116

所需食材（食材用量仅供参考）

主料｜面粉500克、鸡蛋250克、食盐少许、玉米淀粉

辅料｜适量高汤、肉臊、葱花

做法

和面

1. 面粉在案板上堆成小山，中间挖出一个"凹"形。
2. "凹"形内放入盐和鸡蛋，无需加水，揉成表面光滑的面团。
3. 在面团表面铺上一层纱布，醒发30分钟。

坐杠

4. 案板上撒少许玉米淀粉，将醒好的面团置于竹杠下，从右到左反复弹压30次。

三推四压

5. 将面团卷在擀面杖上，双手用力不停反复向前推压，使其越来越薄，此时面片变得比原来大。
6. 抽出擀面杖，在面卷上用力压一下。推三次压四次即可。

大刀切丝

7. 将擀好的面皮叠成3～4层，用大刀将面片切成细丝。
8. 制作好的金丝面，需搭配高汤，稍煮即熟。再浇上少许肉臊和葱花，即可上桌。

蒸凉面

广元位处四川的北大门，与陕西、甘肃接壤，融合了一些北方的饮食习惯，蒸凉面就是一个典型的代表。

　　传说，武则天最喜爱蒸凉面。她小时候由于喜欢在一家面馆吃面，因此与店老板很熟识，经常边吃边谈论面条的制作。有一次天气炎热，武则天和老板商讨着在夏天要是能吃到凉面该多好。于是便和面店师傅一起试验：把大米碾碎成浆，然后放入蒸笼去蒸。待蒸熟后，取出放在案板上铺平，用刀切成细长条状，再在碗中放入佐料，与面拌在一起食用即可。由于蒸凉面冷热均可食用，免去了夏天吃热面的苦楚，因此深得武则天的喜爱。

　　在广元，早上一碗蒸凉面，已经成为大多数人的生活习惯，街头巷尾随处可见，但出了广元，想要吃一碗正宗的蒸凉面可就很难了。主要在于蒸凉面的原料采用了广元当地的优质大米，水也是广元的本地山水，更不用说拌凉面用的辣椒油了。所以在广元有句话叫："凉面不过剑门关。"说的就是，离开了广元的水土，哪儿都做不出广元凉面的口感。广元蒸凉面外形和陕西凉皮接近，但做法完全不同。

大师教你做

刘 洪

广元市凤栖城市酒店行政总厨

扫一扫了解更多

所需食材（食材用量仅供参考）

米粉│陈米、新米、水、菜籽油各适量（大米和水的浸泡比例为1:1）

调料│葱适量、姜适量、蒜适量、辣椒酱1炒勺、子弹椒辣椒粉适量、豆芽适量、味精1克、酱
　　　油1勺、蒜水适量

做法

准备

1. 将陈米和新米按照1:1的比例用清水泡制12小时。然后再用清水淘洗干净。

制浆

2. 将淘洗干净的大米打成浓浆，然后加清水稀释，稀释到米浆舀起来成线状即可。

蒸制面皮

3. 将打好的米浆放到盖有纱布的蒸笼上，大火蒸制2分钟。
4. 蒸好后在表面抹上菜籽油，起到增香的作用。

面皮改刀

5. 将蒸制好的面皮放凉，根据个人喜好用刀把它切成面条的形状。

制辣椒油

6. 锅里倒入菜籽油，油温烧至250℃后关火，放凉至220℃左右，加入葱、姜、蒜炸香。待食材表面变煳后，将其全部沥油捞出。
7. 油锅中加入辣椒酱，炸至辣椒酱出香味且浮于表面后起锅。
8. 将油迅速地淋在子弹椒辣椒粉上，放置24小时即可。

调味

9. 将豆芽焯水后垫入碗底。
10. 把凉面放到碗里，加入味精、酱油、蒜水、辣椒油拌匀即可。

川北热凉粉

　　四川的凉粉千姿百态，有红遍朋友圈的伤心凉粉，也有餐桌宠儿凉拌凉粉，但有一种凉粉你肯定很少听闻，它就是热凉粉。

　　热凉粉中的肉臊子一定要炒酥香才有口感，凉粉一定要顺一个方向搅到位才劲道。此菜要趁热食用，味道最好，所以推荐选用加热类器皿盛放。口感滑爽糯香有劲道，颜色红亮，凉粉和脆肉哨子结合，酥香、脆嫩、滑爽，家常味浓郁。

大师教你做

刘俊良

成都和淦餐饮管理有限公司出品总监
中式烹调高级技师
中国烹饪大师

扫一扫了解更多

所需食材（食材用量仅供参考）

主料│红薯淀粉500克、清水2000克

配料│永川豆豉5克、辣椒粉10～15克、芹菜花15克、香蒜苗花20克、猪肩胛肉100克

调料│高汤100克、泡椒末25克、郫县红油豆瓣酱25克、姜末25克、蒜末30克、酱油15克、菜籽油100克、盐适量

做法

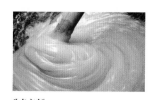

制凉粉

1. 在500克红薯淀粉中加1～2克盐，倒入1000克清水，将淀粉与清水混合均匀，备用。

2. 另取1000克清水倒入锅中，加热至65℃左右，将搅拌好的红薯水淀粉过滤一遍，再均匀地倒入热锅中。用木棒顺一个方向搅动，边搅动边均匀地倒入红薯水淀粉。

3. 用木棒快速搅拌均匀，搅拌凉粉不能使用铁器，避免将其他杂质刮进淀粉里。

4. 保持中小火，向一个方向搅动，凉粉在锅中逐渐凝固，直到微微发黑、发亮、有劲道且不太粘锅时，即可出锅。

切凉粉

5. 将做好的凉粉倒入盒子或盆内定形，待自然冷却后，改刀成3厘米左右的块状备用。凉粉需自然冷却，放冰箱影响口感。

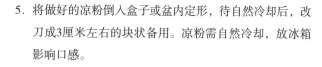

煮凉粉

6. 锅内烧水，放入少许盐、酱油，将凉粉倒入锅中，煮熟后将凉粉沥水备用。

炒肉臊

7. 将洗净的猪肩胛肉剁成肉末。
8. 锅里倒入菜籽油，加入猪肉末小火炒香。
9. 加少量酱油提色，继续炒至碎肉末酥脆、吐油时盛出，沥干油备用。

烧制

10. 锅内放油，下入泡椒沫、郫县红油豆瓣酱炒香。
11. 加入姜末、蒜末继续炒香。
12. 加入永川豆豉、辣椒粉，炒香后加入高汤（也可以用清水代替），煮至沸腾。
13. 放入凉粉，中火烧至收汁亮油，撒上芹菜花和一半的香蒜苗花后起锅。

成菜装盘

14. 取一石锅烧烫，抹上少许油，将烧好的凉粉倒入石锅内。
15. 撒上炒好的肉臊子和剩余的香蒜苗花即可成菜。

川南

对酒当吃

美食和美酒爱好者，都能在这里找到自己的天堂。

四川盆地南部地区主要指自贡、泸州、内江、宜宾四市，万里长江自此始，这里有恐龙化石、有灯会、有丰富的矿产，有酒香顺着长江飘荡，河岸两旁美食飘香。

很少有人知道，张大千先生除了是近现代国画大师，更是一位热爱美食的老饕。经张大千先生改良发扬，并由其后人辅助整理出来的内江菜被统一称为"大千菜"，是内江家常风味的重要体现，更是很多内江人的家乡回忆。其中大千鸡块和大千干烧鱼更是成了远近闻名的内江特色菜，和张大千纪念馆一样，是当地旅行打卡的必备项目。

千年盐都、南国灯城、恐龙之乡……自贡的标签可太多了，每一样拿出来都是足以傲视群雄的存在。井盐带来的繁华富庶造就了"食在四川，味在自贡"的美名，盐帮菜也趁势火遍全国，光是冷吃兔和冷吃牛肉就足够让人垂涎三尺回味无穷了。

宜宾和泸州通常作为中国酒都和中国酒城出现，但其美食给我们带来的震撼却丝毫不亚于其醉人的美酒。不仅有离开竹海就吃不到的山珍野菌，还有保持着最原始吃法的火烧黄鳝，野性与精致互相碰撞，每一道菜都充满地方特色，无论用来下酒还是下饭，川南美食都值得一试。

李庄白肉

　　"老板，来一份李庄白肉！"在李庄街上，几乎每个落脚的人都必点一份白肉，这是来到李庄的"规矩"。

　　宜宾市历史文化名镇李庄有"三白"特产：白酒、白糕、白肉。李庄白肉作为当地最有名的特产，已经成为李庄古镇的金字招牌。巴掌大的白肉，瘦多肥少，层层叠叠地堆在盘子里。夹起一大片，压实后放在辣椒蘸料里，筷子提起、翻转、塞入口中，绝！

　　李庄白肉是一道对技术和调料都要求极高的菜品。选料精、火候准、刀工绝、调料香，四个要素缺一不可。地道的李庄白肉，其肉片薄如蝉翼，入口即化。白肉须切至20厘米长、10厘米

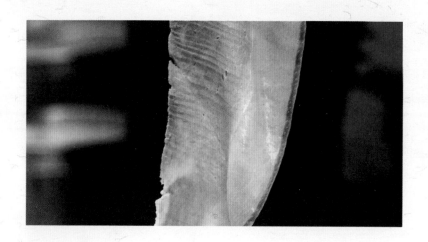

宽、厚度不超过2毫米，肉片薄得可透出人影，没有5年的操练是练不出这"功夫"的。刀工精湛的厨师切白肉时，就如同一场精彩的表演，单手拿起宽大的菜刀，稳当而又迅速，仿佛藏匿在市井中的"刀客"。

李庄白肉保留了猪肉的原汁原味，其灵魂全在蘸料里。暗藏玄机的蘸料，如同武功秘籍，原料的含量和火候全凭执勺人所掌握。最后制成的蘸料必须达到色鲜、浓香、亮油，突出蒜香、味鲜的效果，也就是川菜讲究的复合味。白肉只需蘸上一点秘制蘸料，就能体会到肥而不腻，清香爽口的味道，下肚后回味无穷，让人拍案叫绝。

大师教你做

冷章星

宜宾李庄映秋饭店主厨

扫一扫了解更多

所需食材（食材用量仅供参考）

主料｜猪坐臀肉1块、葱段适量、花椒适量
糍粑辣椒｜贵州辣椒适量、蒜适量、姜20克、盐适量
复制酱油｜酱油500克、沙姜少许、香叶3克、丁香少许、
　　　　桂皮5克、花椒3克、草果10克、白蔻5克、八
　　　　角5个
蘸料｜糍粑辣椒3勺、复制酱油2勺、白糖1小勺、香醋少
　　　许、味精1克、香油少许、清水适量

做法

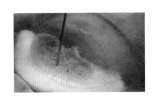

煮制

1. 把猪坐臀肉刮洗干净，冷水下锅加入葱段、花椒大火烧
　 开，煮制过程中用筷子插入肉中，让水穿透肉中。
2. 煮至九成熟后，关火闷1小时，口感更佳。

切肉

3. 切白肉需要相当娴熟、高超的刀工。先破皮，再前拉后
　 退地片，片得越薄越好。

制作糍粑辣椒

4. 将贵州辣椒放到锅里，清水煮4~5分钟后再关火闷，待自然冷却后即可。

5. 把闷好的辣椒搭配蒜、姜、盐舂至起丝，辣椒舂得越烂越好，辣椒和蒜的比例为1:3。

制作复制酱油

6. 将沙姜、香叶、丁香、桂皮、花椒、草果、白蔻、八角一起装入香料包备用。

7. 把酱油与配置好的香料包一起熬制，酱油烧开后再煮5~6分钟即可关火。

8. 将煮好的酱油过滤，待自然冷却后备用。

制作蘸料

9. 将制好的糍粑辣椒、复制酱油、白糖、香醋、味精、香油和清水倒入碗中，搅拌均匀后搭配白肉食用。

~~~~~~

装盘后的李庄白肉肤若凝脂，夹起一片薄得恰到好处的肉片，蘸上灵魂蘸料，一口下去回味无穷。

水煮肉片

水煮肉片是一道地方名菜，源自四川自贡，属于川菜中著名的家常菜。水煮肉片肉味香辣、软嫩、易嚼。吃时肉嫩菜鲜，汤红油亮，麻辣味浓，最宜下饭，为家常美食之一。

水煮离不开刀口辣椒。所谓刀口辣椒，就是将花椒和干辣椒用油炒后，在案板上用刀剁碎，菜上桌前放在碗上，用滚热的油一淋，便香气四溢。

扫一扫了解更多

大师教你做

任福奎

川菜特一级厨师
曾任美国纽约"四川饭店"厨师长

所需食材（食材用量仅供参考）

主料｜猪里脊肉200克

配料｜莴笋200克、芹菜100克、蒜苗100克

调料｜干辣椒20克、花椒10克、豆瓣酱50克、姜10克、蒜10克、水淀粉100克、干淀粉20克、生抽15克、蛋清半个、料酒20克、盐适量、葱花适量、高汤250克、菜籽油适量

做法

腌制备菜

1. 将莴笋、芹菜、蒜苗、干辣椒节切段，姜、蒜切细末。

2. 将猪里脊肉洗净后切片，加入水淀粉、生抽抓匀。

3. 然后再次加入干淀粉、半个蛋清、料酒抓匀。最后加入少许菜籽油，抓匀后肉片自然分开。

制作刀口辣椒

4. 在锅里倒油，油温热后，锅里倒入花椒、干辣椒段进行翻炒。

5. 待辣椒变色且变硬后沥油出锅，放在案板上将其切碎备用。锅里的油不要倒掉，留着备用。

炒制配菜

6. 锅里倒少许油，油温热后，放入莴笋、芹菜、蒜苗进行翻炒，然后加入蒜末、姜末、盐、豆瓣酱翻炒至断生。

7. 再加入高汤将其烹煮片刻，然后将配菜全部沥汤捞出摆盘。

煮肉片

8. 将底汤滤渣、煮沸，下入肉片。肉片打滑时基本就熟了。

9. 起锅前再次加入少许水淀粉，汤汁浓稠后倒入配菜盘中。

浇油

10. 将之前切好的刀口辣椒、蒜末、葱花撒在肉片表面。

11. 将之前炒刀口辣椒留下的底油在锅中烧热，烧热后泼在肉片上即可成菜。

老坛鲊肉

"十冬腊月，杀了年猪，肉切成块，用盐鲊。"四川方言中的鲊肉指的就是用盐腌肉，把新鲜鲊肉放进坛子存几天，待其有点酸味再拿出来蒸着吃。不光有窖香，还有乳酸的味道。这是老坛鲊肉最传统的吃法，如今年轻人的餐桌上，已鲜少见到。

在宜宾这座历史悠久的城市里，勤劳聪慧的宜宾人民创造了不少传统美食。老坛鲊肉不光反映了一个地方的饮食文化，更凝结着一份"月是故乡明"的家乡情。

扫一扫了解更多

大师教你做

邓正庆

资深级注册中国烹饪大师

所需食材（食材用量仅供参考）

主料｜猪五花肉750克

配料｜土豆500克

调料｜青椒250克、生姜100克、泡姜50克、泡辣椒50克、花椒5克、醪糟15克、料酒5克、米粉70克、熟小米150克、辣椒酱30克、红糖10克、盐6克、花椒粉适量、辣椒粉适量、香菜适量

做法

处理食材

1. 把猪五花肉烙皮后刮洗干净，接着晾干水分后切成大片。
2. 选择一半青一半红的青椒，洗净后氽水切成块状。
3. 生姜、泡姜、泡辣椒切成块状。

腌制 *小米在使用前需用水泡涨后煮至断生。

4. 把切好的泡辣椒、生姜、泡姜倒入肉片里，再加入花椒、醪糟、料酒、50克米粉、煮熟的小米、辣椒酱、红糖、盐，一起搅拌均匀，使得每块肉片上都附着调料。

装坛

5. 将拌匀的肉装入坛子内，密封储存7天以上。万事俱备，剩下的只有等待，把一切交与时间，某种神秘的美味正在坛子中滋长。

蒸制

6. 把土豆切成块，加入20克米粉和2克盐搅拌均匀，然后平铺在蒸格上。
7. 把发酵好的肉片平铺在土豆上，一起蒸40分钟即可。
8. 蒸制好后，可撒适量花椒粉、辣椒粉和香菜点缀。

~~~~~~

　　鲊肉的制作方法看起来并不复杂，猪肉的腌制和密封储存的好坏是衡量其是否成功的标准。密封时，空气、水分的进入，或是储存时间的缺乏，都会影响最终口感。

蛋圆子

蛋

自清代以来，宜宾民间不管是红白喜事或是过节招待亲朋都要备办九种荤菜宴客，俗称"九大碗"或"九斗碗"。在宜宾市筠连县，九大碗中必不可少的就是这碗蛋圆子。它是川南九大碗中的头碗，宜宾非物质文化遗产美食，曾在中国非遗美食（巴黎）国际邀请赛上斩获特金奖。

蛋圆子的做法看似简单，但粗中有细，在温度控制、食材用料和制作方式上充满讲究。做蛋圆子的蛋，要用农家土鸡蛋；肉是精选猪前夹肉，肥瘦比例为4∶6或3∶7；淀粉是四川地区最常用的红薯淀粉。

受限于以前的经济条件，传统做法是将猪肉剁成肉馅后，加大量红薯淀粉，这样做出来，显得分量更多，可以节约成本。现在条件好了，不需要以淀粉充肉，所以就将猪肉切成肉片，添加少量淀粉即可，这样口感更好，肉香更浓。

酥肉、油豆腐、红薯、木耳垫底，切好的蛋圆子黄灿灿的摆成花形，满满当当的一盆，热气腾腾、分量足。上好的筠连蛋圆子，夹一块起来，表面油润反光，蛋皮和肉浑然一体，入口咸鲜醇香，细腻柔和。

大师教你做

范 荣

筠连蛋圆子制作技艺非物质文化遗产传承人

扫一扫了解更多

所需食材（食材用量仅供参考）

主料｜猪前夹肉200克、红薯淀粉40克（猪肉和红薯淀粉比例为5∶1）

配料｜鸡蛋13个、纯肥肉1块（用来擦锅，大小都可）、红薯250克、酥肉75克、炸豆腐50克、木耳20克

调料｜盐2克、味精2克、姜末10克、花椒粉5克、白糖2克、鸡精2克、胡椒粉1克、蒜末5克、骨汤适量

做法

码肉

1. 肥瘦比例3∶7的猪前夹肉切成片备用。

2. 切好的肉片中加入盐、味精、姜末、花椒粉、白糖、鸡精、胡椒粉，打入3个鸡蛋，一起搅拌均匀，再放红薯淀粉搅拌均匀。全程不用加水，搅拌到手抓肉时有粘手的感觉即可。

摊蛋皮

3. 剩余鸡蛋打在容器内搅拌均匀，用细筛过筛，没有杂质和泡沫口感会更细腻。

4. 摊蛋皮时锅的温度很重要。双耳铁锅放在火炉上烤，并不断移动，保证锅四面受热均匀。

5. 用纯肥肉在锅表面擦一遍，给锅沾上油，但需要控制油量，有油即可。

6. 用手靠近锅，感觉有点烫手时，从锅边淋入1勺蛋液，晃动铁锅，让蛋液呈现完整的长方形，将多余的蛋液倒出。

7. 等蛋皮完全凝固后，翻面再稍微烤一下，待蛋皮开始起泡，就用手把蛋皮揭下来，这样一块完整的蛋皮就摊好了。

裹蛋圆子

8. 将长方形的蛋皮切开，取其中1块，沾了锅的那一面朝上。先抹上一半的蛋液作为黏合，这样蛋皮不容易散。

9. 抹上蛋液后，抓一把肉放在蛋皮上，摆成长条形，一边捏一边朝自己的方向卷，卷好后再轻轻揉两下，排出空气。

10. 裹好的蛋圆子小心轻拿，放进蒸笼，用牙签戳小孔透气。

蒸蛋圆子

11. 裹好的蛋圆子热水上锅蒸，夏天蒸35～40分钟，冬天需要多蒸10分钟。

12. 蛋圆子蒸好后，切成1厘米左右的片。

13. 用红薯、酥肉、炸豆腐和木耳垫底，把切好的蛋圆子依次摆上，表面撒点蒜末，淋上骨汤，再上蒸笼蒸10分钟左右，即可。

~~~~~~~

有人可能会问，为什么不直接用圆形蛋皮呢？

因为圆形蛋皮裹蛋圆子容易皱皮，影响美观，也更容易散。除此之外圆形也更浪费蛋皮。

高县土火锅

揭开锅盖，香味随热气飘出，颜色漂亮的食材和质地古朴的土锅相得益彰。所有人一起起筷，按照先荤后素的顺序逐层品尝，猪蹄、土鸡和芋头的味道炖在汤里，鲜美可口。尖刀圆子鲜香细腻，能吃到脆脆的凉薯。香芋和猪脚已经炖烂，木耳和竹笋还保留着脆嫩口感，暖和又美味。

在宜宾市高县，寒风一起，土火锅便被火速搬上了餐桌。

"乌蒙西下三千里，僰道南来第一城"，高县四季分明，山谷纵横，物种丰盛，南广河奔流入境，盛产木耳、香菌、黄花、竹笋等山珍。而高县土火锅就是高县的特产美食。

高县人"无锅不过冬，无锅不算年"，请客摆席，过年过节，迎接远客等重要时刻，席面主位都少不了这一锅高县土火锅。锅里铺满特色食材，将点燃的钢炭放进炉膛，盖上配套的锅盖，焖2小时左右，就可享受热气腾腾、鲜美无比的火锅。

高县土火锅要分为锅和菜两个部分。

土火锅的锅是纯手工特制的土陶锅，铜锅、铁锅都无法替代。高县产煤，从有煤的地方向下几十米挖出来的泥，颜色黢黑，但富含丰富的矿物质，是做土陶锅的不二之选。挖出来的泥经过拉坯、土窑烧制、上釉等十多道工序才能最终成型。烧制土陶锅的窑很小，一次只能烧一个锅，盖上罩子，温度可达到2000℃以上。从早上五点开始做，一天也只能做十多个。烧好的锅放在铺满香樟树叶子的洞里，叶子被高热的锅触碰后，瞬间点燃，盖上盖子，等待香樟树叶给土陶锅镀上一层银黑色的釉。

即使在科技如此发达的时代，高县依旧保持着一百年前的方法来制作土陶锅，使其极具淳朴的乡土魅力。土陶锅成品造型神似北方的铜锅，中心是烟囱状的炉膛，围绕炉膛一圈的是锅体，下面是底座，容纳炭火的灰烬。

　　土陶锅使用前需要先"炙锅"。用削皮后的山药在锅体内壁仔仔细细涂抹一圈,让山药填满肉眼难以看见的孔隙,这样煮的时候才不会渗水漏油。使用年代越久、使用次数越多的土陶锅越是好用,有的甚至成为家里的"传家宝"。

　　高县土火锅的食材也颇有地方特色,吃法很有仪式感。食材需要提前准备,一层一层,整齐地码放在锅里,用炭火煮2小时左右,最后放上尖刀圆子,色彩艳丽,鲜美可口。

大师教你做

邓全恩

高县土火锅烹饪技艺传承人

扫一扫了解更多

所需食材（食材用量仅供参考）

主料｜猪蹄1只、土鸡1只、酥肉适量、香芋适量、木耳适量、竹笋适量

调料｜生姜1块、黄姜1块、花椒适量、盐适量、大骨汤适量

尖刀圆子｜猪前夹肉200克、盐少许、鸡蛋3个、葱花10克、凉薯末适量、味精1克、花椒粉
　　　　　5克、水淀粉30克、姜末少许

摆盘｜圣女果10个、鹌鹑蛋6个、西蓝花1棵

做法

处理食材

1. 斩成小块的猪蹄冷水下锅氽水，然后下油锅适当地炸制，把多余的脂肪逼出来。
2. 土鸡斩成小块，香芋切块，木耳泡发、竹笋洗净后切片。

码食材

3. 香芋比较耐煮，切块后均匀地铺在火锅的第一层。
4. 第二层用炸过的猪蹄。第三层是斩成块的土鸡。
5. 然后依次放入酥肉、木耳、竹笋，每一层都需要铺均匀。

炖煮

6. 食材全部铺好后，将生姜、花椒、盐还有当地特产的黄姜放入锅中进行调味。
7. 倒入事先熬制好的大骨汤，盖上盖。将点燃的钢炭放入炉膛中，炖煮1.5小时，把猪蹄、土鸡和芋头的味道炖在汤里面。

做尖刀圆子

8. 经过1.5小时的炖煮，就可以做高县土火锅的灵魂——尖刀圆子。
9. 先将三肥七瘦的猪前夹肉剁成末，加姜末、盐、鸡蛋、葱花、凉薯末、味精、花椒粉和水淀粉一起搅打上劲。
10. 用刀尖挖一块在手上，轻轻地刮出来两头尖、中间大的肉圆子，将尖刀圆子围着火锅摆一圈，盖上盖煮10分钟左右。
11. 待尖刀圆子煮熟后，用圣女果、鹌鹑蛋和西蓝花进行点缀，即可上桌。

〰〰

　　土火锅温火慢炖，保温效果极好，又富含丰富矿物质，食材中的营养也能被完美保留下来。锅内食材吃完后，还可以涮本地特产的羊田粉条、豌豆尖和各种小青菜，直到心满意足，这才是一顿地道的高县土火锅该有的味道。

荔枝滑肉汤

肉汤

　　荔枝滑肉汤晶莹透亮，清淡不油腻，咸鲜中带着淡淡的荔枝果香。滑肉肉质细嫩爽滑，不肥不柴口感超绝，蘸上糊辣椒，油润鲜香，香辣开胃。

很少人知道，四川也盛产荔枝，泸州市合江县被称为"中国晚熟荔枝之乡"，当其他地方的荔枝陆续消失在市场上，这里的荔枝才刚步入成熟。在荔枝上市的时节，走在合江熙熙攘攘的老街上，路边农户卖的新鲜荔枝，自家种的、价格便宜，是外地羡慕不来的价格。

滑肉汤，川南人热爱的美食，可清淡，可鲜辣，可开胃解馋，也可清爽解腻。鲜嫩多汁的荔枝，去掉筋膜的猪前腿肉，当两种看似毫无关系的食物，被偶然地放在一起后，成就了这难得的美味。简单的食材，很快就变成了一道汤清色亮、味道清爽、带着淡淡果香的荔枝滑肉汤。

扫一扫了解更多

大师教你做

雷前海

泸州合江好人家厨师长

所需食材（食材用量仅供参考）

主料｜新鲜荔枝300克、猪前腿肉200克、红薯淀粉350克、蛋清1/2个

配料｜姜少许、葱少许、料酒3克、盐2克、花椒适量、鸡精少许、味精少许、西红柿半个、小白菜1棵、猪油1炒勺、盐少许

蘸料｜干辣椒适量、蒜末适量、葱花适量、盐适量、味精1克、鸡精1克、酱油2汤匙、白芝麻少许、热油适量

做法

处理食材

1. 新鲜荔枝剥去外壳，清洗一下，捞起去掉果核备用。
2. 猪前腿肉去掉筋膜，切成薄片，放入姜、葱、料酒、盐腌制去腥。
3. 红薯淀粉分成2份，1份用开水烫熟，另1份用凉水泡散，淀粉要彻底化开，不能有颗粒。生芡和熟芡混合使用，能让滑肉色泽更透亮。
4. 将小白菜洗净后，氽水备用。西红柿切小块。

制滑肉

5. 把猪肉中的姜、葱挑出来，加入蛋清搅拌均匀，可以使肉质松散不起坨。
6. 先用生芡把猪肉裹匀，再加熟芡充分搅拌均匀，使裹在肉片上的粉浆呈黏稠状，拿起肉片芡粉不会掉下来即可。
7. 锅内倒水，烧至90℃左右，将猪肉一片一片下入锅里，不能翻搅，轻轻晃动一下锅，煮到九成熟即可。
8. 猪肉煮熟后，盛出来放在凉水中泡着，备用。

制糊辣椒蘸料

9. 干辣椒在锅里焙出香味，待颜色变棕色后，捞出锅用刀剁碎。
10. 将蒜末、葱花、盐、味精、鸡精、酱油、白芝麻和剁碎的干辣椒搅拌均匀，淋入热油，激发出香味。

打汤

11. 猪油入锅化开，倒入姜、葱、花椒，炒香后加水。
12. 加少许盐、鸡精、味精，等水烧开后捞出浮沫。
13. 放入荔枝、西红柿块使其颜色鲜艳好看。
14. 下入滑肉，水开后即可出锅，点缀上氽过水的小白菜叶。吃时可蘸辣椒料。

绣球竹燕窝

竹燕窝又名竹菌、竹花、竹菇、竹荪。不仅营养丰富，而且口感润滑清爽，集鲜、嫩、脆、爽口等特点于一身，是一种不可多得的珍馐。绣球竹燕窝，将传统鱼丸和宜宾竹燕窝相结合，入口首先是竹燕窝的脆爽，紧接着是鱼丸的细腻滑嫩，两种不同的口感交织融合，配合得天衣无缝，每一口都会带来如春风拂面的极致享受。外表看起来如同古代的绣球，团团簇簇，可爱又喜庆。

大师教你做

兰金海

中国烹饪大师

扫一扫了解更多

所需食材（食材用量仅供参考）

主料｜竹燕窝400克、花鲢鱼2000克

配料｜猪皮1张、盐适量

鱼丸调味｜葱姜水200克、味精5克、盐10克、生粉25克、料酒40克、胡椒粉5克、蛋清1个、肥膘肉末150克

玻璃芡｜高汤250克、鸡油50克、盐10克、生粉25克

做法

处理竹燕窝

1. 竹燕窝洗净后放入锅内氽水，适量放一点盐，增加底味。
2. 氽好的竹燕窝沥掉多余的水，然后用干毛巾进一步吸干水备用。

处理花鲢

3. 花鲢鱼洗净去鳞、去皮、去内脏后，取背脊肉，去掉背脊上腥味较大的筋。
4. 在案板上铺1张猪皮，用来保持鱼肉的洁白。将鱼肉放在猪皮上，用刀背把鱼肉锤松散，去除鱼肉中的刺，继续把鱼肉剁至泥状。

调味

5. 鱼泥中放入适量葱姜水、味精、盐、生粉、料酒、胡椒粉、蛋清和适量肥膘肉末，反复搅拌上劲，以鱼泥放在水里可以浮起为成功的标准。肥膘肉的加入可以使其更加细腻滑嫩。

蒸制

6. 把鱼泥挤成鱼丸的形状，然后均匀地裹上竹燕窝。
7. 把鱼丸放入蒸笼中，小火蒸5~8分钟，即可。

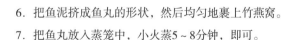

勾玻璃芡

8. 高汤中加入适量鸡油、盐、生粉，搅拌均后，淋在鱼丸上即可。

藕莲蓬

藕

　　"玉藕"是用内江市特产天冬经煮熟去皮后，雕刻出藕的形状而成。为使其造型逼真，还在藕节处捆上发菜[1]。"莲蓬"则是用内江市特产白乌鱼，去掉鱼皮鱼骨，打成鱼泥，再用纱布过滤后，填入模具蒸制定形而成。

　　这道菜用到的清汤与开水白菜所用清汤一样，先用鸡、鸭、猪肉、猪骨、火腿和干贝等食材焯水后，熬制。将食材中的鲜味和营养都煮出来后，先后用猪里脊肉泥和鸡胸肉肉泥进行扫汤，吸附汤中的油脂和杂质，最后用纱布过滤出来的，就是川菜中的高级清汤。

1　野生发菜是国家一级重点保护野生植物，已被禁止采集、销售和食用。可用人工发菜作为替代品。

大师教你做

邓正波

注册中国烹饪大师
中式烹调高级技师
国家职业技能裁判员

扫一扫了解更多

所需食材（食材用量仅供参考）

"玉藕" ｜天冬适量、泡发好的人工发菜少许

"莲蓬" ｜白乌鱼1条、姜葱水200克、盐适量、青豌豆适量

清汤｜排骨1500克、鸡1只、鸭1只、火腿200克、猪肉1500克、牛肉适量、鸡爪适量、干贝适量、猪里脊肉适量、鸡胸肉适量

做法

制"玉藕"

1. 天冬下锅煮20分钟左右捞出，剥皮后雕刻出莲藕的形状。
2. 用泡发好的人工发菜捆在"藕节"上，让藕的形状更逼真。

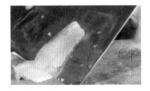

处理鱼肉

3. 将白乌鱼宰杀干净，从中间剖成两半，剔除鱼骨和鱼皮，去掉红色部分，保持鱼肉洁白。
4. 将鱼肉切成小条，放入破壁机，加姜葱水打成鱼泥。
5. 将打好后的鱼泥倒入纱布中进行挤压过滤，去除筋膜和鱼刺，让鱼泥更细腻顺滑。

制"莲蓬"

6. 往鱼泥中加少许盐，顺时针不停地搅拌，在搅拌过程中，鱼肉会慢慢起胶，变成半凝固的状态。

7. 用勺子舀出搅拌起胶的鱼泥填在莲蓬形状的模具中，表面抹平，点缀几颗青豌豆做"莲子"。将做好的"莲蓬"覆上保鲜膜，放入蒸箱蒸5分钟。

制汤＊川菜厨师熬制清汤时，使用的大部分食材一样。

8. 先将肉类食材下锅焯水后捞出，用清水洗干净。

9. 烧一大锅开水，依次放入排骨、鸡、鸭、火腿、猪肉、牛肉、鸡爪和干贝。鸡可以增鲜，鸭、火腿、干贝增香，排骨增加汤的厚重和鲜味。

10. 大火烧开后，小火煨制8小时左右。

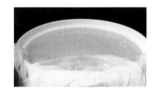

扫汤

11. 将猪里脊肉打成红泥，鸡胸肉打成白泥进行最后的扫汤。

12. 用勺子把汤搅起旋涡后，倒入红泥，保持小火，静待30～40分钟后，将吸附了油脂和杂质的红泥捞出。

13. 再用同样的方式，倒入白泥，最后用纱布将肉泥过滤干净，剩下的就是高级清汤了。

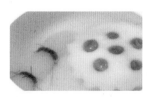

盛汤

14. 将雕好的"玉藕"加入高级清汤，一起蒸制5分钟左右，让清汤的鲜美渗透进"玉藕"。

15. 最后在味盅里盛2勺清汤，放1截"玉藕"和1个"莲蓬"，这道玉藕莲蓬就完成了。

冷吃兔

　　四川属于盆地，多山地丘陵，不适宜饲养大型牲畜，茂密的草类植被却成为兔子生长繁殖的绝佳地点。清朝末年时，兔皮就作为成都的出口物，远销海外。兔肉肉质紧致，属于低脂肪肉类，寡淡无油的兔肉在四川人的烹调下，开始变幻出各种让人惊喜的口感。

　　冷吃兔的叫法起源于四川自贡，又名香辣兔、麻辣兔丁，在川菜分类上属于小河帮菜系，距今已有百余年历史。

扫一扫了解更多

大师教你做

罗俊华

中国烹饪大师

所需食材（食材用量仅供参考）

主料 ｜ 兔子肉1000克

香料 ｜ 八角3个、沙姜6克、白蔻 8克、香叶6克、桂皮10克、丁香6克

调料 ｜ 菜籽油适量、干辣椒150克、大葱20克、姜30克、盐6克、料酒30克、酱油5克、花椒40克、辣椒粉100克、味精5克

做法

处理食材

1. 将兔子去皮清理干净后，切成约1.5厘米见方的肉丁。
2. 将干辣椒（七星椒）洗净后剪成节，大葱切段，姜切片。

腌制

3. 将八角、沙姜、白蔻、香叶、桂皮和丁香一起搅打成粉。
4. 往切好的肉丁里放入盐、姜片、大葱段、料酒、香料粉，搅拌均匀，腌制20~30分钟。

焯水

5. 锅里烧水，水开后倒入腌制好的肉丁焯水，去除肉丁的血泡和异味。焯完水后将肉丁沥水捞出，备用。

炒制 *一定要炒到肉丁脱水。

6. 锅里倒菜籽油，油温热后倒入肉丁，保持中火不断翻炒，去除兔肉多余的水分。
7. 加入酱油提色，炒至油变清亮。
8. 在锅中加入花椒、干辣椒段，继续保持中火不断翻炒，使花椒和辣椒的香味充分释放。
9. 放入辣椒粉，翻炒几十秒后下入味精，即可起锅装盘。

冷吃牛肉

　　冷吃牛肉是四川的一道特色小吃，牛肉先卤后炸，跟干辣椒混合炒制。放凉后口味更佳，适合用手撕着吃。可以作为一道零食或者下酒菜。牛肉软干适中，既有嚼劲又不柴，好吃易做，解你的馋。

大师教你做

罗俊华

中国烹饪大师

扫一扫了解更多

所需食材（食材用量仅供参考）

主料 | 牛肉3000克

调料 | 姜100克、葱60克、干辣椒600克、干花椒200克、辣椒粉300克、白糖10克、盐20克、鸡精18克、菜籽油适量

香料 | 白蔻20克、桂皮30克、八角30克、香叶15克、丁香4克、沙姜10克

*牛肉建议选黄牛肉，选择肚腹、背上的肉皆可。

做法

处理食材

1. 锅里烧水，放入洗净后的牛肉，用大火煮开后再用中火煮10分钟，去除牛肉里的血水。
2. 将姜切成片，葱切成段，干辣椒切成丝状，装盘备用。

卤制

3. 锅里烧水，放入焯过水的牛肉，加入部分干花椒、葱段、姜片、香料、白糖和少许盐，卤至牛肉耙软入味，即可捞出。
4. 卤好的牛肉放凉后，顺着纹路切成条状，一般不超过7厘米长。

炒制 * 收汁的时候尽量收干一点，易于保存。

5. 锅里倒入菜籽油，油温烧至170~180℃，放入切好的牛肉条进行炒制。
6. 翻炒5分钟后放入干辣椒丝、干花椒，炒香后再放入辣椒粉继续翻炒。
7. 起锅前可以根据自己的口味加入适量盐和鸡精，炒匀后出锅。

~~~~~~~~~

　　此味型适用于多种食材，比如：牛肉可以替换成猪肉、猪肝、鳝鱼等，还可以用豆筋来代替，在家做辣条。举一反三，可以做出一批麻辣味的凉菜。

水煮牛肉

　　第一次听到川菜的"水煮"，有些人会以为是一道口味清淡、注重本味的美食。然而当菜端上桌时，满满一盆红艳艳的辣椒，刺激的辛辣，让人又爱又恨。水煮牛肉似汤非汤、似炒非炒、似烧非烧。

　　四川省自贡市以井盐而闻名，而井盐的劳作多靠黄牛来完成。在沉重的劳作中，总有黄牛被淘汰，盐工们将其宰杀，用自己制取的盐加花椒一起煮食，这就是最早的"水煮牛肉"。随着时间的推移，厨师们也在实践中不断地改进其做法，将清水白煮改为勾芡滑煮，使牛肉变得更嫩气，同时还改变了辣椒和花椒的用法，特别是芹菜、蒜苗等蔬菜的加入，使得水煮牛肉成了家喻户晓的佳肴。

扫一扫了解更多

大师教你做

童 逊
亚洲美食文化推广大使
中式烹调高级技师
中国烹饪大师

所需食材（食材用量仅供参考）

主料｜牛臀肉250克、青笋尖100克、芹菜50克、蒜苗 50克

配料｜盐5克、料酒适量、葱姜水100克、蛋清适量、水淀粉5克、姜末10克、蒜末10克、郫县豆瓣酱100克、刀口辣椒50克、高汤500克、味精5克、花椒粉5克、葱花50克

油｜菜籽油50克、猪油50克

做法

腌制

1. 将洗净的牛臀肉切成约0.2厘米厚的薄片，装盘。
2. 往牛肉上撒少许盐、料酒、姜葱水、蛋清、水淀粉，用手不断地搅拌牛肉，然后腌制10分钟。

炒制底菜

3. 锅里倒菜籽油，烧热后将切成条的青笋尖、芹菜、蒜苗放入锅中爆炒，加入少许盐翻炒均匀，炒好后出锅备用。

制作底料

4. 在锅里倒入菜籽油和猪油，烧热后加入郫县豆瓣酱炒香。
5. 再加入姜末、蒜末和刀口辣椒翻炒，最后加入高汤，一起熬制5分钟。

起锅装盘

6. 在熬制好的底料中一片片地放入腌好的牛肉片，牛肉下锅1～2分钟后，在锅里加入少许水淀粉，搅匀勾芡后起锅。
7. 起锅后倒入炒好的底菜中，在肉片上依次撒上少许花椒粉、刀口辣椒、蒜末、葱花。
8. 锅里烧油，当油温达到七成热时，将烧热后的油浇在肉片上。需连浇三下：第一下增加香味，第二下为菜提色，第三下将油脂的香味赋予在肉片中。

大千鸡块

　　大千鸡块是国画大师张大千在传统川菜的基础上改良而成，使用辣椒、胡椒、花椒、豆瓣酱、盐、白糖、醋等调料进行调味，与川菜中宫爆鸡丁的荔枝味、怪味鸡的怪味、豆瓣烧鸡的豆瓣味、糊辣鸡的糊辣味，有着相似之处却又有不同，被称为"大千风味"。

　　一道好的菜肴，原材料的选择很重要。大千鸡块选用仔鸡的鸡腿部分，肉质软嫩，弹性结缔组织少，而且营养价值也更高。成菜红润油亮，辣而不燥，是一道简单又好吃的家常菜肴。

扫一扫了解更多

大师教你做

蔡元斌

中式烹调高级技师
四川省五一劳动奖章获得者
四川省技术能手称号获得者

所需食材（食材用量仅供参考）

主料｜仔公鸡腿250克

辅料｜青笋50克、青椒25克、干辣椒5克、生姜10克、葱25克

调料｜水淀粉25克、盐2克、胡椒粉1克、白糖5克、料酒3克、醋2克、酱油15克、鸡汤50克、花椒10粒、豆瓣酱25克、菜籽油125克

做法

鸡腿去骨

1. 用刀划开鸡腿上半部分，刮去腿骨里的筋络，再从关节处斩断，剔除大腿骨。
2. 用刀剖开鸡的小腿骨，用同样方式刮开筋络，再用刀背敲断关节处，剔除骨头，再仔细挑去肉里的小骨头。

腌制

3. 片去鸡腿肉上较厚的部分，使鸡腿肉厚薄均匀，再把鸡腿肉改刀成长2.5厘米、宽1.5厘米、厚0.5厘米的块。
4. 往切好的鸡块中放入适量盐抓匀，再倒入水淀粉抓匀，腌制片刻。

准备配菜

5. 青笋改滚刀块，加盐腌出水分后，用清水洗净备用。
6. 青椒对半剖开，去籽切块。
7. 干辣椒去蒂后切成1.5厘米长的段，生姜切成小片，葱切马耳朵段。

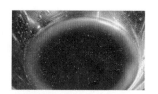

调制碗芡

8. 碗里放适量盐、胡椒粉、白糖、料酒、醋、酱油、鸡汤、水淀粉搅拌均匀，备用。

烹制

9. 锅内下菜籽油，烧至七成热时，下入鸡块翻炒至微微变色。
10. 下入干辣椒、花椒炒香。下入豆瓣酱，炒至豆瓣皮成棕红色时，下入姜片、青笋、青椒和葱炒匀。
11. 最后倒入碗芡，急火快炒，翻炒均匀后即可出锅。

附骨鸡

吃鸡，你爱吃哪个部位？

"无骨者肉嫩，附骨者肉香。"一盘附骨鸡，就是泸州人对这个问题最好的回答。

　　据传，附骨鸡是由清末泸州八万春饭店名厨杨明清创制，20世纪30年代初曾风靡一时，很多宴席都有这道菜。因为每块肉都带着骨头，所以取名附骨鸡。"附骨"在泸州方言里的发音同"富贵"，寓意富贵吉祥、五谷丰登，充分体现泸州菜命名雅致的特色。

　　传统附骨鸡的选料和平常做鸡不同，专门挑选鸡翅、鸡胸尖、鸡尾椎骨等"边角料"。这些其貌不扬的部位，在会吃的人眼里，才是一只鸡的精华所在。

　　作为小河帮菜的代表，泸州菜对辣味情有独钟，越辣越好，越辣越香，但不能辣得单调，附骨鸡就是典型的川菜味型中的煳辣味，用浸泡着辣椒的隔夜煳辣油，将味道炝进鸡肉中，闻一口就足以让人为之倾倒。在调味上，泸州也充分发挥"酒城"特色，用甜美醇厚的醪糟调味，增香去异。醪糟汁中的糖分在高温下变成了最好的天然色素，为鸡肉染上诱人的焦糖色，色香味俱全。

　　泸州是座酒城，家家户户对带酒的菜式，都有点情怀。在这座长江上游的小城里，凭着酒香，衍生出许多特色菜肴，承载着这座城市的历史和文化底蕴，这也是美食的意义所在。

大师教你做

李智刚

中国烹饪大师

扫一扫了解更多

所需食材（食材用量仅供参考）

主料｜鸡翅500克

调料｜菜籽油100克、干辣椒30克、花椒5克、姜片25克、大葱10克、料酒30克、胡椒粉1克、盐2克、香油30克、醪糟汁200克、高汤150克、糖色20克、酱油10克、味精1克

糊辣油用料｜菜籽油500克、姜片25克、小葱50克、干辣椒50克、青花椒10克、红花椒10克

做法

炸鸡肉

1. 每个鸡翅都从中间斩成2段，放入姜片、大葱、料酒、胡椒粉、盐腌制15分钟。
2. 锅里倒菜籽油，油温烧至四五成热（120～180℃）后，倒入腌制完的鸡翅炸定形，炸至金黄色后捞出。

制煳辣油

3. 锅里倒菜籽油，油温烧至三四成热（90～120℃）后，放入生姜、小葱，炸至变色，捞出。

4. 下入干辣椒和青红花椒，炸至辣椒变成深棕红色后，起锅。

5. 连辣椒带油一起倒入容器内，浸泡一晚。第二天过滤掉辣椒，剩下的油就是煳辣油。

6. 锅里倒入少量煳辣油，下入干辣椒和花椒翻炒，炒香、炒酥后立刻倒出备用。

煸炒

7. 起锅烧菜籽油，下入姜片煸香，倒入炸好的鸡肉，小火煸出焦香味。

8. 将醪糟汁、高汤、糖色、酱油、胡椒粉、味精、香油、盐混合均匀后，倒入锅中。

收汁

9. 小火慢慢把汁水收干。收汁过程中火候至关重要，需要反复颠锅，注意锅内变化，不能烧煳。

10. 待汤汁收干，鸡肉呈现棕红色时，把煳辣油炒好的干辣椒和花椒倒入锅中翻炒均匀，即可起锅。

〰〰〰〰

　　将煳辣油炒过的干辣椒和花椒的香味焅进鸡肉中，剩下的少许煳辣油给鸡肉增添色泽。附骨鸡色泽棕红油亮，味道是典型的糊辣味，咸鲜微辣、煳辣糟香，辣得醇厚而不刺激，略带回甜。运用了炸、煸、收三种烹饪技法，味道口感老少皆宜。

香酥鸡球

香酥鸡球是一道结合了扬州"软炸"等烹饪技法的菜，外形是金黄的小圆球，内里包裹着肉圆子，但肉圆子和金黄色外壳又是分离状态，摇一摇可以像铃铛一样发出响动，因此也叫响铃鸡球。

这道菜至今已有70年历史，据说是一名厨师行业的老师傅，因战乱从扬州流落到宜宾，将"软炸""高丽糊"等扬州菜的特色烹饪技法带到了宜宾，并与宜宾本地食材、烹饪技法进行了碰撞与融合，最终创制出这道兼具川菜和淮扬菜特色的香酥鸡球。

合格的香酥鸡球要达到外皮酥香、肉圆软嫩、形状浑圆、大小均匀、轻轻摇动即发出声响等要求，搭配糖醋生菜满口生香。

扫一扫了解更多

大师教你做

李　庄（左一）

中国烹饪大师
宜宾工匠

所需食材（食材用量仅供参考）

主料｜去骨鸡腿肉480克、猪肥肉100克、鸡蛋6枚

配料｜水发玉兰片50克、葱花30克、姜末30克、糖醋生菜150克、水淀粉50克、色拉油1500克（实耗30克）

调料｜盐3克、味精2克、糖2克、香油5克

做法

处理食材

1. 将去骨鸡腿肉和猪肥肉一起剁成颗粒状。水发兰片氽水后切成粒。加入葱花、姜末、盐、味精、糖、香油，顺一个方向搅拌均匀，做成12个大小相同的肉丸备用。

调蛋糊

2. 鸡蛋只取蛋清，放在长条盘中搅打成蛋泡，以筷子直立插入盘中不倒为合格标准。在搅打蛋泡的过程中不能停顿，否则蛋清反水，蛋泡不能成形。

3. 打好的蛋泡中加入玉米淀粉调制的水淀粉，制作成蛋泡糊。

裹糊油炸

4. 锅中放入色拉油，油温烧至二成热。

5. 肉丸裹上蛋泡糊入锅炸至外皮酥香，期间需要不停地往鸡球上浇油。

6. 待鸡球表面金黄，肉丸成熟并与表层分离，即可出锅装盘配糖醋生菜一同食用。

~~~~~~~~~

　　食用香酥鸡球前，要先拿一个香酥鸡球放在耳边摇动，听听里面的声音。动作虽小，仪式感却是拉满了。这也是吃香酥鸡球不成文的"规矩"，要是摇不响，食客就会直接喊老板退钱。摇响后，才咬开一个口子，露出里面鲜香软嫩的肉圆子。夹一筷糖醋生菜，外皮包着肉圆子和糖醋生菜一起吃，鲜美可口，香而不腻。

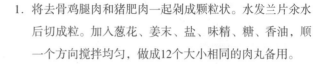

酒鬼花生

说起喝酒，一定少不了下酒小菜，最简单美味又实惠的当数花生。酒鬼花生是一道四川特色小吃，口感清脆，味道香辣，越嚼越香，下酒或作为小零食都是不错的选择。

扫一扫了解更多

大师教你做

邓正庆

资深级注册中国烹饪大师

所需食材（食材用量仅供参考）

主料│花生米5千克、食用油适量

配料│干辣椒小段100克、干花椒35克、老姜末80克、蒜末30克、细海椒粉35克、花椒粉20克、味椒盐2瓶、八角粉30克、味精35克、十三香粉1包、白糖粉100克、鸡精100克、姜片适量、八角适量、沙姜适量

做法

煮花生

1. 将花生米，放入开水中煮15分后捞出。
2. 再放入清水中浸泡20分钟左右，沥干水备用。

炸花生

3. 将沥干水的花生米，放入冷油锅中浸炸。
4. 当油温升至160℃，放入少许姜片、八角和沙姜，听到响声后，加入冷油或关小火，将油温下降至120℃，炸干花生的水分。待花生米炸至酥泡、用勺子敲打发出清脆响声时，捞出放入盆中备用。

拌花生

5. 锅内留少许油，下入干辣椒小段、干花椒、老姜末、蒜末，小火炒至酥香后，倒入花生米中。
6. 再加入细海椒粉、花椒粉、味椒盐、八角粉、味精、十三香粉、白糖粉和鸡精，一起搅拌均匀即可。

～～～～～

这道酒鬼花生，在制作手法和味道上，结合了传统怪味瓜仁的做法进行创新，以先水煮后油炸的方式，达到口感的香酥化渣。在调味上，通过添加磨得很细的香料粉、花椒粉、辣椒粉，在花生表面形成一层薄薄的"壳"，吃起来麻辣相间，略带回甜。

泸州烘蛋

蛋

一道完美泸州烘蛋，表面金黄，形状方正，大小均匀，有棱有角。掰开后，内部嫩黄松软，完整成形不起层。吃起来没有油腻感，蛋香四溢，咸香回甜。

　　煎蛋、炒蛋、卤蛋、蒸蛋……鸡蛋的做法不计其数，泸州烘蛋，是鸡蛋的另一种花式做法，同时也是泸州的一道传统风味美食。

　　这是一道制作工序堪比开水白菜的手艺菜。食材有多简单，做法就有多复杂，非常考验厨师的功力和耐心。成功的泸州烘蛋标准是：有棱有角、不能塌陷、不能破皮、内部松软不分层。想要同时满足这几点，需掌握3个关键：火候、油温和配料。鸡蛋本身比较嫩，火大了会煳，火小了不成形。制作过程中的不同阶段所需油温不同，油温掌握不好，一样不成形。

　　传统泸州烘蛋上桌后，必须在3分钟内吃掉，不然就会塌陷变形，失去松软口感。刁学刚大师在传统做法的基础上对配料进行创新，加入了低筋面粉，延长了保存时间，不容易塌陷。

大师教你做

刁学刚

中式烹调技师

扫一扫了解更多

所需食材（食材用量仅供参考）

主料｜土鸡蛋5个

配料｜豌豆淀粉100克、低筋面粉50克、纯净水
850克、胡椒粉2克、盐3克、菜籽油
适量

做法

准备食材

1. 豌豆淀粉和纯净水按照1∶1的比例混合均匀，封上保鲜膜冻一晚。豌豆水淀粉在0℃以下，不会发酸，还能充分吸收水分，让口感更细腻绵软，成菜更嫩气。

2. 取前一天制作的豌豆水淀粉100克、50克低筋面粉加750克纯净水搅拌均匀。低筋面粉可以帮助定形，成菜不容易塌。

3. 鸡蛋打在碗里，将蛋清和蛋黄充分搅拌均匀。

4. 调好的粉浆里加入胡椒粉、盐进行调味，再把蛋液倒入搅拌均匀。搅匀后，用网筛过滤杂质，备用。

5. 炒锅洗净，干烧至180℃左右后倒入菜籽油，油温升到200℃左右开始炙锅。

6. 炙好锅后，将热油倒出，马上加冷油下锅，再次炙锅，使锅内温度保持在80~100℃。

炙锅

制坯 * 蛋皮需要软硬适中，太硬容易折断，太软又提不起来。

煎制

炸制

7. 倒出炙锅的油后，立刻倒入调好的蛋液。蛋液不能全部倒完，留少许在后面的步骤中使用。

8. 低油温，最小火，用小锅铲不停地搅拌蛋液30分钟。

9. 蛋液慢慢凝固，形成手感较软，但不会轻易破皮的蛋皮。将之前剩下的蛋液沾在蛋皮边缘，将蛋皮四周向中间折叠，叠成一个正方形。折叠时一边要压住另一边，像折风车一样，这样才能保证成菜内部整体成形，不起层。

10. 包好后，在锅边淋入少许油，不停旋锅，使其受热均匀。

11. 煎好一面后，颠锅翻面，继续旋锅，让蛋液充分熟透。颠锅翻面能保持蛋皮的完整性。

12. 在熟透的蛋皮表面扎孔，排出空气，下一步炸的时候才不会炸坏。

13. 待蛋皮熟透后，手压上去有弹性，就可以起锅。用沾了油的刀切掉四边，修整形状，再切成大小均匀的方块。

14. 起锅烧油，约30℃油温时，把切好的蛋块放进去，小火浸炸。

15. 蛋块浮起来后，将油温升高至120℃左右，保持这个油温继续慢慢地烘，让蛋块慢慢膨胀。

16. 蛋块膨胀后，将油温升高至170℃左右，进行上色。待蛋块颜色变深，即可起锅摆盘。

～～～～～

　　许多传统川菜都是用家常的食材和复杂的技法来实现对美味的追求，例如泸州烘蛋、八宝锅蒸等。随着大家生活条件的提升，可替代品越来越多，这些做起来费时费力的传统菜正被逐渐边缘化。为什么还有人愿意继续做下去？因为这些菜往往使用了很多传统的烹饪技法和调味方式，是川菜的精髓所在，是"万变不离其宗"的根本，不能丢，也丢不得。

宜宾燃面

燃面，是宜宾人的浪漫。

作为万里长江第一城，宜宾市水运发达，旧时的江边码头不仅盘活了整座城，也给无数人一个靠劳力奔生活的机会。"码头"是无数经典川菜的发源地，宜宾燃面也不例外。宜宾燃面原名叙府燃面，又叫油条面。重油无水，实惠又顶饿，最早是江边在码头干活的劳工吃的，后来逐渐流传开来，成为宜宾的美食名片。

关于燃面的来历，有好几种说法。流传最广的是，在使用油灯的年代，晚上没有灯芯，随手扯一根剩下的面条来做灯芯，故得名燃面。还有人认为，燃面重油重辣，吃到嘴里像一团火在燃烧一

样，非常过瘾，所以叫燃面。另有一种说法是，燃面需要一边拌一边吃，所谓"燃"就是将面条、调料和油混合搅拌的过程。

做宜宾燃面，面和调料都有讲究。地道的宜宾燃面用的是水叶子面，煮熟后根根分明，轻柔可口而不失筋道。调味更是重头戏，宜宾盛产芽菜，最早都是加芽菜的素燃，毕竟是底层劳动人民，没有钱顿顿吃肉。随着经济的发展，大家生活越来越好，这才有了加肉臊子的荤燃，做法也比以前更为讲究，仅酱油和红油的炼制就有不少说法。

宜宾燃面看似简单又家常，但真要做好、做精，并不容易。让我们跟着川菜功勋匠人、宜宾燃面非遗传承人曹祉清大师一起来看看，宜宾燃面是怎么"燃"起来的。

大师教你做

曹祉清

川菜功勋匠人
宜宾燃面制作技艺非物质文化遗产传承人
资深级中国烹饪大师

扫一扫了解更多

所需食材（食材用量仅供参考）

秘制酱油｜黄豆酱油1500克、纯净水1500克、红糖20克、香叶5克、沙姜10克、八角20克、桂皮10克、小茴香5克、花椒5克、草果10克、洋葱50克、香葱50克、芹菜50克、香菜30克、老姜20克、老抽10克、盐15克、熟黄豆面100克、味精30克、鸡精30克、黄栀子5克、大葱50克

秘制香油｜菜籽油5000克、老姜100克、洋葱150克、大葱100克、芹菜100克、香葱100克、香菜50克、香叶10克、白蔻10克、沙姜15克、八角40克、桂皮15克、小茴香10克、砂仁10克、丁香5克、广香10克、香果15克、核桃5个、青花椒50克、黄豆面100克、草果15克、黄栀子10克、辣椒末50克

秘制红油｜子弹头辣椒500克、二荆条辣椒250克、芝麻50克

刀口花椒和刀口辣椒｜菜籽油5000克、刀口青花椒75克、子弹头辣椒100克

调料｜小磨香油、猪油各适量

每份燃面食材用量｜水叶子面100克、秘制酱油10克、秘制混合油30克、芽菜12克、葱花5克、芝麻3克、花生碎10克

做法

炼制酱油

炼制香油

1. 黄豆酱油和纯净水以1：1的比例倒入锅中，烧开后加入20克红糖，小火熬香。

2. 将香叶、沙姜、八角、桂皮、小茴香、花椒、草果、洋葱、香葱、芹菜、香菜、老姜、老抽、盐、熟黄豆面、味精、鸡精、黄栀子和大葱一起熬煮12～15分钟。

3. 熬至酱油黏勺，即可过滤掉香料，倒出酱油备用。这样熬制出来的酱油，香味更浓郁，后味更足。

4. 锅内倒入菜籽油，油温烧到280℃，下入老姜、洋葱、大葱、芹菜、香葱、香菜炼干水分，油温保持200℃左右。

5. 提前将香叶、白蔻、沙姜、八角、桂皮、小茴香、砂仁、丁香、广香、香果、核桃、青花椒、黄豆面、草果、黄栀子、辣椒末倒入碗里，加水浸泡3～5分钟后，过滤掉水。

炼制红油

制作刀口辣椒和花椒

调制混合油

煮面

6. 在油温200℃时，将浸泡后的香料加入锅中，利用油温激发香味。过滤掉香料残渣，留香油备用。

7. 将子弹头辣椒和二荆条辣椒按2∶1的比例混合后搅打成粉。

8. 锅内倒入炼制好的香油，烧到200℃油温时，将部分油倒入辣椒粉中，把辣椒粉打湿后搅拌均匀。

9. 待锅内油温升继续高到210～220℃时，再次将油倒入辣椒粉中，充分浸泡混合，激发辣椒的香味。趁热下入芝麻，即成红油。

10. 锅内倒入菜籽油，下入刀口青花椒炒香，用滤网将花椒和油分开，花椒油备用，花椒用擀面杖碾碎，再用刀切细，装在碗里备用。

11. 同样的方式将子弹头辣椒炼成辣椒油和辣椒粉备用。

12. 将花椒粉、辣椒粉和炼制的花椒油、辣椒油倒入碗中混合，加入小磨香油、化好的猪油和之前炼好的秘制香油搅拌均匀。

13. 搅匀后再加入之前炼好的秘制红油即可。

14. 宜宾燃面讲究水宽火大，水叶子面在锅里翻腾50～60秒捞出，甩干水，盛入盘中。

15. 先倒入秘制酱油搅拌均匀，再放入调制好的秘制混合油搅拌均匀，使面条呈松散状态。

16. 最后在面条上依次放上芽菜、葱花、芝麻和花生碎，芽菜和香葱呈对称摆放，最后配料在面条上呈十字状。

面条根根分明，裹满芽菜、花生碎、芝麻和葱花，红油香辣、酱油咸香，回味悠长，油而不腻。吃完后喝一碗面汤，那股暖和劲儿从胃开始涌向四肢，整个人得到无与伦比的满足和幸福。

猪儿粑

可爱的猪儿粑白胖水润地排列在蒸笼里，糯米的清香扑面而来，满满的诱惑，用筷子拨小猪儿粑，一眼就能看到扎实饱满的馅料，香味迸发出来，瞬间抓住所有美食爱好者的目光。酥麻红糖馅的红糖和猪油融化在一起，撕开一个小口子，馅料直接流出来，甜香酥麻，还能吃到脆脆的颗粒感。

江安的早晨是被一只猪儿粑唤醒的。

白白胖胖、圆润可爱的猪儿粑，出锅时裹着热气，像整齐排列的可爱小猪。吃猪儿粑可以借鉴吃灌汤包的经验，先小小地咬一口，充分感受糯米的绵密细腻，油顺着咬破的口流出来，烫嘴却舍不得丢开。再咬一口，吃到饱满的馅料。猪儿粑分为无馅、咸馅和甜馅，咸馅主要是冬笋芽菜猪肉馅。

宜宾市江安县盛产竹子，一年四季竹笋不断。冬天的冬笋最为鲜美，切碎后和宜宾芽菜、猪肉臊子炒香，一起做馅。冬笋的鲜香、芽菜的干香和猪肉的脂香糅合在一起，让人欲罢不能。和外表糯米的软糯不同，加了冬笋和芽菜的肉馅有少许清脆感，鲜香爽口中和了猪肉的油腻，搭配得恰到好处，吃过后唇齿留香，久久不散。

江安最地道的猪儿粑在红桥镇。红桥镇土质肥沃，盛产糯米，米质优良，做成的猪儿粑滋润可口，入口绵扎，风味独特，米香扑鼻。

红桥人过年、祭祀、栽秧、招待客人都要做猪儿粑。因为传统猪儿粑的形状很像财神爷的聚宝盆，所以在正月里，红桥人会用一片青菜叶把猪儿粑裹起来吃，象征"财不白要"，表示红桥人想要通过勤劳致富的美好愿望。现在红桥猪儿粑已经走出红桥，成了川南乃至整个四川许多美食爱好者的心头好，勤劳的红桥人也靠着做猪儿粑拥有了更好的生活。

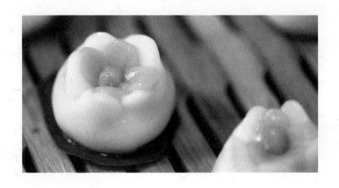

大师教你做

蒋莉萍

红桥猪儿粑非物质文化遗产第四代传承人

扫一扫了解更多

所需食材（食材用量仅供参考）

冬笋芽菜猪肉馅｜猪肉8克；冬笋和芽菜共4克；姜末、盐、花椒粉、葱花共2克

酥麻红糖馅｜猪板油、花椒粉和红糖共6克

制皮｜磕粉20克、糯米粉少许

*以上食材用量适用于单个猪儿粑，仅供参考。

做法

制咸馅

1. 冬笋剥去笋衣切碎，净锅上火，把冬笋倒进去翻炒，稍微焙干水分。

2. 芽菜同样切碎，倒入锅中焙干水分。

3. 猪肉切末，下锅炒香，炒出油之后，把焙干水分的冬笋笋和芽菜加进去翻炒均匀，加入适量姜末、盐、花椒粉一起翻炒。

4. 将炒好的馅料盛入盆中，放入葱花搅拌均匀即可。

制甜馅

5. 除了冬笋芽菜肉馅外，最受欢迎的就是酥麻红糖馅。将红糖放在碗中，加入花椒粉和融化的猪板油，一起搅拌均匀即可。

制皮

6. 取碴粉和适量清水混合，揉至面团滋润细腻、糯而不黏、立而不硬、皮薄光亮即可，这是红桥猪儿粑好吃的关键。
7. 取一块面团放在盆中，撒少许糯米粉揉到面团光洁即可。

包猪儿粑

8. 揪一块面团，捏出一个窝状，把提前准备好的馅料填进去，直接把边捏合起来就是最简单的猪儿粑。红桥猪儿粑造型多变，光是传统造型就有"鸡冠""三尖角""眉毛舒""碗儿帽""柳腰""圆鼓""桃花""蝴蝶""软紫荆花"等。现在最受欢迎的就是小猪造型，广受年轻人和小孩的喜爱。

蒸熟

9. 烧一锅开水，把做好的猪儿粑放入锅中蒸，蒸5分钟左右，猪儿粑的表皮就熟了。
10. 在猪儿粑的表面淋点冷水，再蒸5分钟，就可以起锅了。猪儿粑吸收水分后，蒸出来的成品光泽度更好、更水润。

燕窝丝

　　川南有一种花卷，洁白暄软，表面丝丝缕缕盘成一团，莹白透亮形似燕窝，因此被叫作燕窝丝。

　　燕窝丝，四川省自贡市的著名小吃，始创于1965年，在1990年8月，获四川省风味小吃奖。自贡燕窝丝的制作原料有面粉、白糖、猪油、樱桃、蜜饯等，其形态、调味和口感都不同于平常的花卷。其以精湛的工艺，将酵面卷成燕窝丝状，上笼蒸熟而成，特点是蓬松暄软，丝条均匀，香甜爽口。

扫一扫了解更多

大师教你做

王翠香

中式高级面点技师

所需食材（食材用量仅供参考）

主料｜高筋面粉500克

配料｜白糖50克、猪油150克、金橘干适量、色拉油适量

做法

揉面

制面皮

切丝

定形

1. 温水中加20克白糖化成糖水。

2. 装一盆高筋面粉，淋入化好的糖水，揉成面团。

3. 揉到面皮"三光"，用一张保鲜膜盖住盆进行醒发。醒发时间为2.5～3小时。

4. 将醒好的面擀成一大张厚薄均匀的面皮，平摊在案板上，两面撒少许面粉防止粘连。

5. 燕窝丝要蓬松暄软，关键就在馅料上。猪油和30克白糖混合后，均匀地抹在面皮上。白糖要细，并且一定要抹均匀，不能漏掉任何一块面皮，否则无法起丝。

6. 将抹好猪油的面皮顺长边对半切开。

7. 将切开的面皮折三叠，两头折紧，表面刷一层色拉油。

8. 将折好的面皮两张重叠在一起，沿着一端切成细丝，并分出大小均等的面剂子。下刀时速度要快，保证每份面剂子有50～55克。

9. 取出一个面剂子，刷上油，双手握住两端往两头拉伸，拉出细丝长条，状似银丝。

10. 用左手大拇指和食指作中轴，将面丝绕手指一圈挽成团，不要捏太紧，给面团留出膨胀的缝隙，蒸出来更好看。

11. 做好的银丝卷上，点缀上金橘干，上汽蒸15分钟，直到燕窝丝蒸熟。

~~~~~~

　　蒸好的燕窝丝洁白绵软，蓬松暄软，面丝晶莹透彻，形似燕窝，用手轻轻一抖就散开，飘出淡淡甜香和果香，油而不腻还有嚼劲，回味无穷。

火烧黄鳝

几十年前的泸州市合江县，一到夏天，人们下田干活时，如果能带回几条肥美的土黄鳝，全家都很高兴，可以打牙祭，改善生活。做黄鳝的时候舍不得放油，也没那么多讲究，将还在拼命挣扎的黄鳝直接扔到灶里，借着煮饭的火来烧，烧到卷曲黢黑，和黑炭融为一体。即使没有丰富的调料，直接把黄鳝撕成条，和酱油拌一下，就是一道美味的下饭凉菜。

小孩长成大人离开了家乡的稻田，柴火灶也被天然气灶取代，当年家家户户都会做的火烧黄鳝，现在也成了难得的美味。

扫一扫了解更多

大师教你做

蔡兴岁

泸州合江好人家老板

所需食材（食材用量仅供参考）

主料｜黄鳝3条

配料｜二荆条辣椒7个、小米辣15个、仔姜1块、香菜1把、蒜末适量、味精1克、酱油15克、盐少许、糖少许

做法

烧黄鳝

1. 将黄鳝洗干净，用刀拍晕，放在炭火上烧。烧的时候要不停地翻面，保证黄鳝受热均匀。烧至骨肉刚好分离，即可取出放凉。

烧辣椒

2. 二荆条辣椒和小米辣一起放进炭火中烧熟。

拌黄鳝

3. 拍净黄鳝表面的炭灰，去掉内脏和骨头，把肉撕成小条。

4. 将小米辣对半切开，仔姜切丝，二荆条辣椒撕成条，加上香菜、蒜末、味精、酱油、盐、糖，一起搅拌均匀即可。

~~~~~~~~~

俗话说："煎鱼打蛋，不如火烧黄鳝。"这是一道挑战许多人接受底线的"黑暗"凉菜。没有复杂的技法和调味，调料可以按照自己的喜好添加。

火烧这种原始的做法，火候是关键。火候到位，外皮烧焦，肉质依旧细嫩，最大程度保留黄鳝的鲜美。简单的调味反而更能突出黄鳝的酥香细嫩。

大千干烧鱼

干烧鱼是川菜中的一道经典名菜。国画大师张大千先生在豆瓣鱼的基础上，加入炒香的五花肉末一起干烧，创作出了这道大千干烧鱼。

1985年在内江市第一次大千风味菜肴研讨会上，张大千长女张心瑞谈及大千干烧鱼是源于其祖母烧制的豆瓣鱼，后由父亲加以创新而成。大千干烧鱼在20世纪90年代就被四川省授予"四川名菜"的称号，现在大千干烧鱼已经成了内江市的一道招牌菜。

这道菜需要选择600克左右的鲜活鲤鱼烹制，以半煎半炸的做法，使鱼肉形状饱满，皮脆肉嫩。再用干烧技法配以五花肉末，重用泡七星椒、朝天椒和豆瓣酱，让鱼肉的鲜香、动物油脂的荤香、泡椒的酸辣和豆瓣酱的酱香完美融合，充分体现内江菜系的味道。

扫一扫了解更多

大师教你做

邓正波

注册中国烹饪大师
中式烹调高级技师
国家职业技能裁判员

所需食材（食材用量仅供参考）

主料｜新鲜雄鲤鱼750克

配料｜五花肉50克、菜籽油300克、蒜苗5克、老姜5克、大葱段10个、泡椒粒20克、泡椒段
20克、高汤600克、醪糟5克、料酒5克、醋5克、盐5克、鸡精5克、味精5克、豆瓣酱
5克、花椒5克、蒜10克

做法

处理食材

1. 将新鲜雄鲤鱼处理干净，表面切十字花刀，刀刃深至鱼大骨，这样才能入味。
2. 五花肉切末，动物油脂能让鱼的鲜香味更浓烈。
3. 蒜苗切成约1厘米的小段，老姜和蒜切末。

炸鱼

4. 锅内倒入菜籽油，油温烧至七成热，下入鲤鱼。油没过鱼身2/3即可，半煎半炸能让鱼肉表皮收紧，煎至两面金黄即可捞起。

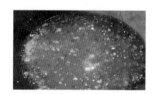

炒料

5. 锅里留少许热油，下入五花肉末炒香，待肉末微微发黄时，加入少许花椒、老姜末、蒜末炒香。
6. 加入泡椒粒、豆瓣酱炒香，炒到泡椒皮发白时，倒入高汤，750克的鱼加600克的高汤。
7. 调入醪糟、料酒、醋、盐和鸡精，再下入炸好的鱼。锅中醋可以起到提鲜去腥的作用。
8. 汤汁烧开后，不断舀起淋在鱼身上，让鱼肉充分入味。
9. 收汁时盖上锅盖，小火慢收，增加鱼肉的风味层次。待亮汁亮油时，捞出鱼肉起锅装盘。

烧鱼

10. 锅中下入泡椒段和大葱段，炒出香味，放入少许味精和蒜苗段。
11. 淋上锅边醋，搅拌均匀即可舀出淋在鱼身上。

二黄汤

　　四川不临海，但江河湖水遍布，水系发达，靠着得天独厚的地理环境，加上四川人对美食的热爱，简单的河鲜被开发出了无数种吃法。家常吃鱼有水煮鱼、酸菜鱼、豆瓣鱼、藿香鱼、红烧鱼、凉拌鲫鱼等，二黄汤就是一道既是菜又是汤的宜宾长宁特色川菜。

　　相传清朝时，有黄氏两兄弟住在河边靠打鱼为生。因为长期生活在船上，为解决吃饭问题，就地取材，从船上的泡菜坛中取一些泡姜、泡辣椒，和刚打上来的河鱼一起炖煮，这样吃鱼还能喝汤，一点都不浪费，味道也鲜美无比。经过不断地改进，又加入了香菇、酸菜、冬笋片，便成这道美味佳肴，为纪念黄氏兄弟的首创之功，便取名为二黄汤。

　　长宁县物资富饶，竹波万顷，风景秀丽，长宁河顺着竹海流出，水质干净，出产的鲤鱼肉质鲜嫩、细腻，是做二黄汤的最佳选择。

　　泡姜、泡辣椒、泡酸菜是二黄汤的底味，四川每家每户都有，泡菜坛里随手取一点，酸爽又脆嫩。

大师教你做

谢小彬

中国烹饪大师

扫一扫了解更多

所需食材（食材用量仅供参考）

主料｜清水鲤鱼约1000克

配料｜姜片适量、葱片适量、料酒适量、盐适量、味精适量、淀粉适量、菜籽油适量、泡生
姜300克、泡辣椒35克、酸菜80克、蒜50克、芹菜20克、小葱20克、泡发香菇40克、泡
发冬笋40克、猪油适量、白糖适量

做法

腌制鱼片

1. 鲤鱼宰杀后，去除腮和内脏，清洗干净。
2. 去除鱼骨、鱼刺，将鱼肉斜刀片成厚薄均匀的鱼片，鱼骨砍成大小均匀的块。
3. 将鱼和姜、葱片、料酒一起腌制5分钟，洗净后沥干水，加盐、味精、料酒再次腌制。腌制过程中需要不停地用手抓打鱼片，边打边加水，使鱼片吃透水分色泽变白。
4. 最后用淀粉涂抹均匀，在鱼肉中加入少许菜籽油，锁住鱼肉水分。

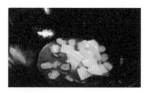

食材处理

5. 取2/3泡生姜切片，剩余的切末。
6. 泡辣椒切段，酸菜切片，蒜切末，芹菜、小葱切段。
7. 将泡发好的香菇、冬笋切片，切片后需汆水去除异味。

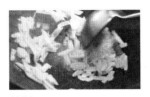

炒料

8. 炒锅上火，加少许菜籽油和猪油，放入泡生姜片和酸菜片，小火炒出香味后倒出备用。

制汤底

9. 锅内另加猪油炒香姜片、蒜末，加入清水，煮开后熬制5分钟。

10. 滤掉表面浮渣，再倒入提前炒好的泡生姜片、酸菜和香菇片、冬笋片，一起再熬制5分钟。

11. 加入盐、味精和白糖调味。

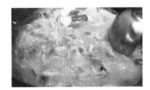

煮鱼

12. 先下入鱼骨，小火焖至八成熟。

13. 再下入提前腌制好的鱼片，微沸状态下，小火焖30～50秒。

14. 待鱼片八成熟时，加入泡辣椒段、芹菜段、小葱段，即可起锅。

～～～

有汤有菜，汤鲜味美，细嫩脆爽，鱼肉雪白嫩滑，咸鲜中略带乳酸，鱼汤泡饭更是一绝。

小吃

人间烟火

　　在每一条"抵拢倒拐"的小巷深处，在每一个不起眼的犄角旮旯，在每一个热气腾腾的炉灶旁边，四川才会展示出它最真实的一面。

　　龙抄手、担担面、赖汤圆是成都小吃的三块金字招牌，皮薄、馅嫩、汤鲜的龙抄手更曾在国宴上获得一致好评。

　　色泽金黄、皮酥肉嫩的牛肉焦饼是老成都的回忆。最受小孩欢迎的非酥肉莫属，这种旧时候逢年过节打牙祭的美食，最能轻易勾起记忆里最深刻的馋。

　　但如果你以为四川只有街边小吃，那可就大错特错了。牙签肉、怪味花仁下酒一绝，破酥包、青菠面回味无穷，百合酥、凤尾酥、天鹅酥精美绝伦。

　　既有下里巴人的随性，也有阳春白雪的精致，兼容并包才是真正的四川。

甜水面

冷却后的面条粗壮、劲道，调料则集合了麻辣甜鲜，且互不压味。如果说面条是这碗甜水面的特征，那么甜面酱就是它的灵魂。十几种调味料以不同的比例加入，刚入口时会感觉到微甜，大口咀嚼时越嚼越辣，花椒的香味伴随着浓郁的蒜香味，甜中带辣、辣中带香的味道着实让人难忘，麻辣甜鲜兼具的味道，以及嚼起来弹牙的劲道口感，这就是甜水面的味道。"一丝不苟，才能做出一碗传承百年的甜水面。"

　　在成都，最不缺的就是美食，川北凉粉、凉糕、担担面等小吃，足以让食客们流连忘返。在众多的传统小吃里，"男子汉"定当占有一席之地。这道四川小吃中的"男子汉"就是甜水面。

　　为什么要把它称为"男子汉"呢？这就要从它本身的特点说起。甜水面的面条和筷子一样粗，口径约0.7厘米，是与众不同的粗面条。除了粗壮的线条，劲道、硬朗的口感也是它被称作"男子汉"的重要原因。

　　何韫若就曾在《竹枝词》中写道："出门久逛累弓鞋，三姑六姨联袂来。最喜手拉甜水面，边嚼边摆坐当街。"光是听描述都已经令人垂涎三尺，在成都文殊院就有一家中华老字号——洞子口张凉粉，甜水面就是这家老字号的招牌！

大师教你做

扫一扫了解更多

中华老字号洞子口张凉粉甜水面手艺传承人

所需食材（食材用量仅供参考）

主料｜面粉1000克、水500克、盐少许、熟清油少许

配料｜红糖1500克、山奈10克、栀子3克、香叶6克、桂皮10克、八角16克、草果10克、红酱油500克、小茴香8克、甘草5克、罗汉果1个、香果10克、丁香2克、草蔻3克、玉米淀粉300克

做法

揉面团 * 揉面时的水温也有讲究，冬季要用45℃左右的温水才能使和好的面团温度保持在30℃左右，这样揉出来的面才会有弹牙的口感。

1. 面粉和水的比例约为2∶1，水分次加入面粉中，反复揉面，让面粉和水充分混合。揉面时加一点盐，能增加面条的劲道。

2. 分3次揉面，每次都需要在面团上刷一层熟清油，防止面团表面的水分蒸发，每次醒面的时间都在半小时左右。揉面的过程中，要不断地撕裂再重组，这样出来的面条才会更劲道。

3. 反复揉面3次后，用擀面杖擀制出大面皮，再切成粗细均匀的面条，口径约为0.7厘米。切好的面条需要用手抻一下。

煮面

4. 切好的面条放到沸水里煮3~5分钟，断生就要捞起来，这样吃起来才会非常劲道又有嚼劲。在捞起来的面条上刷一层熟清油，让其自然冷却。

调料

5. 将山奈、栀子、香叶、桂皮、八角、草果、小茴香、甘草、罗汉果、香果、丁香、草寇一起磨成香料粉。香料粉是由数十种不同的香料打磨而成，是甜面酱独特香气的来源。

6. 烧一锅开水下入红糖和香料粉，用勺子在锅里随时搅动，以免红糖煳底，15分钟后滤去杂质。

7. 加入红酱油，最后倒入充分溶解后的玉米淀粉，慢慢搅拌混合均匀，整个必须不停地搅拌，避免玉米淀粉受热结块。熬好的甜面酱色泽棕红、香气浓烈，入口层次非常丰富。

组合

8. 将调好的酱料淋在煮好的面条上即可。

担担面

面

如今担担面已经遍布全国各地，做法和口味也是花样百出。要说哪一家的口味更胜一筹，实在难分上下，毕竟"食无定味，适口者珍"。但不变的关键就在于是否用心。能让你瞬间爱上的，就是正宗的担担面。

　　"大铁锅里面条在滚开的水里翻腾，大竹笊篱一捞，热气在空中划出一道白色轨迹直接入碗，入口仿佛便尝到了悠闲和安宁……"担担面对于四川人而言，真是从小吃到大。

　　担担面是四川成都和自贡地区的著名传统面食，距今已有百余年的历史，传说最初是挑夫们在街头挑着担子卖面，一边担的是锅，可以下面条，另一边担的是调料，故因此得名"担担面"。

　　一碗好的担担面，每个细节都需要下足功夫，其制作工艺和技术窍门非常关键。大浪淘沙，留下来的自然是好吃的。

大师教你做

曾才东

中国烹饪大师

扫一扫了解更多

所需食材（食材用量仅供参考）

主料｜面条80克、猪五花肉15克、花生碎10克

调料｜蒜末5克、葱适量、姜适量、葱花少许、新一代干辣椒适量、子弹头干辣椒适量、二荆条干辣椒适量、猪油5克、料酒少许、香油适量、芝麻酱6克、芽菜5克、酱油8克、味精2克、花椒粉1克、白糖2克、菜籽油适量

*用油说明：需准备菜籽油，适量即可。新一代干辣椒、子弹头干辣椒、二荆条干辣椒比例为3∶3∶4。

做法

四川红油制作

1. 担担面对于使用的红油十分讲究（红油即熟油辣椒），需准备3种辣椒：新一代干辣椒、子弹头干辣椒、二荆条干辣椒，他们的比例是3∶3∶4。

2. 锅里倒入菜籽油，将姜、葱切段后放入油锅里，待颜色变黄后捞出。

3. 油温烧至约200℃时，将30%的热油浇淋在配好的干辣椒面上。待锅里的油温降至120℃时，将剩余的油浇下，搅拌均匀，隔日后即可使用。

脆臊 * 担担面的臊子不同于一般的肉臊，讲究的是"面条滑爽、面臊酥香、咸鲜微酸辣"，面臊要求酥香，不同于一般的肉臊做法。

4. 选取新鲜猪五花肉，将猪五花肉剁成肉末。

5. 锅里倒油，油温热后将肉末下锅。待肉末变成金黄色后，在锅里倒入少许料酒，炒匀后将肉臊沥油捞出。沥出的油用作后面的底料调制，备用。

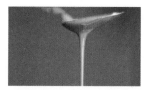

调芝麻酱

6. 准备香油和芝麻酱，两者比例为1:1，倒入碗里后搅拌均匀后备用。

炒芽菜

7. 芽菜选宜宾碎米芽菜，切末备用。

8. 锅里放入少许油，放入芽菜翻炒，将其水分炒干后即可出锅。

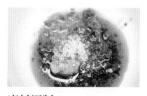

底料调制

9. 在碗里依次放入红油、猪油、酱油、芝麻酱、芽菜末、蒜末、味精、花椒粉、白糖。如果肉臊是担担面的精髓，那么底料就是担担面的灵魂。

煮面 * 煮面时用"大锅、水宽"的方式进行烹煮。

10. 锅中烧水，水沸腾后放入面条，在锅里煮1分钟左右即可沥水捞出。

11. 面条捞出后直接盛入已调好的底料碗中，再浇上炒好的脆臊、花生碎、葱花即可。

青菠面

青菠面吃法众多，搭配不同的食材能吃出不同的口味。煮熟后直接放置于清汤中，即为清汤青菠面，其特点是汤清面绿，清淡爽口。也可以浇上各种面臊，其中以海味面臊最为常见，味道咸鲜，为面食类的佳品搭档。

面

　　说起四川，第一时间想到的总是火锅、冒菜、串串，无意中冷落了四川的面条。其实四川的面条，也算得上八"面"玲珑。有挑着担子卖的担担面，有干香火辣的宜宾燃面，有甜辣适口充满嚼劲的甜水面，还有煎蛋面、肥肠面、邛崃奶汤面、崇州查渣面、资中兔子面……四川的面，也离不开四川"一菜一格，百菜百味"的特点。四川人将"玩味"同样运用到对面条的烹制上，将最好的滋味和劲道的面条融合在一起，成就了"四川的面"。

　　青菠面就是一道在四川高档宴席上常见的面食。其流行于川西地区，用菠菜汁、蛋清调成极浅的绿色调，混合上等面粉揉成面团，再经手工擀成面条，对叠多次后切成韭菜宽大小。用大量菠菜汁混合在面里制作而成的菠菜面，不仅美观，而且更健康。全程纯手工制作，面条筋道耐煮、爽滑有嚼劲。

　　搭配青菠面的清汤，则是采用国宴名菜"开水白菜"中的"高级清汤"，这种清汤的工序极为讲究，搭配纯手工擀制的面条，让看似寡淡的青菠面瞬间绽放出舌尖上的魅力！青菠面色泽碧绿，面条筋韧绵滑，汤鲜味美，实为四川面食中的上品。

大师教你做

刘定华

中华老字号·钟水饺特级面点师

扫一扫了解更多

所需食材（食材用量仅供参考）

主料｜面粉500克、蛋清1个、菠菜1000克、盐少许

配料｜葱20克、姜20克、五花肉片80克、玉兰片60克、干鱿鱼片40克、猪肚片40克、虾米
10克、高汤1000克、食用油适量

做法

1. 菠菜洗净、剁碎后用纱布包起，挤出汁。
2. 将175克菠菜汁和蛋清一并倒入面粉中，再加入少量的
   盐，揉成团。

揉面团

擀面

3. 用擀面杖将揉好的面团"三推两压"擀成薄面皮。

切面

4. 将面皮折叠成宽约10厘米的长条（每叠一层要撒上一些干面粉），然后切成韭菜叶宽的面条。

煮面

5. 锅里倒水，水沸腾后下面条。将煮好的青菠面沥水捞出放入装有高汤的碗中即可。

制作海味面臊

6. 锅里倒油放入葱、姜，炒香后将葱、姜沥油捞出。
7. 放入小块五花肉片，炒出油后倒入小块玉兰片、小块干鱿鱼片、小块猪肚片和虾米炒香。
8. 加入高汤，煨制片刻。
9. 将制作好的海味面臊淋入装有青菠面的碗中即可食用。

牙签肉

有那么一道菜，让你闻到香味就忍不住流口水，米饭都能多来一碗；有那么一种零食，让你每每吃到就停不下来，它就是牙签肉。

很多人记忆中的牙签肉，是超市和菜市场热闹的熟食区，是一经过就迈不动腿的小吃摊，是一边辣得大口吸气一边往嘴里塞的快乐。在夜晚，一口香酥麻辣的肉配一杯冰爽的啤酒，疲惫一扫而空，生活的各种滋味都融化在这份快乐之中。

大师教你做

扫一扫了解更多

杨定云

重庆市永川区烹饪协会副会长

所需食材（食材用量仅供参考）

主料｜猪前胛肉300克

配料｜色拉油1000克、青花椒40克、盐10克、味精5克、鸡精5克、辣椒粉20克、孜然粉20克、干辣椒段10克、葱花少许

辅助工具｜牙签

做法

处理食材

1. 选用猪前胛肉，断筋切成长3厘米左右的肉条，这样炒出来的肉不柴，肉无需码味，否则就没有干香的感觉。

穿肉

2. 将牙签浸泡在加了盐的开水中消毒，穿肉时一定要把肉拿稳，边穿边转动牙签。穿好的肉串用水冲洗一下，下锅时不容易黏在一起，沥干备用。

炸制猪肉

3. 热锅冷油炸三次，油温烧至五成热，下锅温炸3秒左右迅速捞起。

4. 油温烧至七成热时，进行第二次抢炸，这一次时间稍微久一点，要把水分锁住，炸到外焦里嫩。

5. 继续烧油至八成热，快速下锅进行第三次复炸，直至全部炸透。

调味装盘

6. 锅留底油，下入青花椒炒香，把牙签肉倒进锅里，加入盐、味精、鸡精小火慢炒，让肉更好地融合味道。

7. 加入辣椒粉、孜然粉翻炒入味。加入干辣椒段，炒出香味。

8. 起锅前加入少许油，让色泽更亮丽，最后下入葱花翻炒两下，起锅装盘。

这道菜关键的成败就在于油温和火候的控制，历经三次锤炼才能得到美妙的口感。一次温炸定形，二次抢炸锁水，三次复炸熟透，肉香四溢。牙签肉可以自由选择喜欢的肉类：猪肉、牛肉、羊肉等，用牙签穿好即可。牙签肉必备的宝藏调料——孜然粉，口感独特，气味芳香而浓烈。花椒和辣椒粉的加持，让牙签肉的魅力得以完全显露。麻辣味强劲，吃到嘴里焦香而化渣。爱吃麻的朋友，可以夹一颗花椒和肉一起嚼，别有一番风味。

酥肉

　　小时候，酥肉是过年才端上桌的年夜饭系列。一到过年，家家户户都会炸酥肉。灶房里，大人炸着酥肉，小孩子则在一旁偷吃，热热闹闹，年味十足。如今，酥肉早已不再是过年的专享，用酥肉烧汤、用酥肉下火锅、用酥肉做烩菜，可谓百吃不厌。

大师教你做

曾才东

中国烹饪大师

扫一扫了解更多

所需食材（食材用量仅供参考）

主料 ｜ 五花肉800克

调料 ｜ 红薯淀粉800克、鸡蛋6个、花椒16克、鸡精5克、盐10克、料酒20克、姜30克、葱25克、菜籽油适量

做法

处理食材

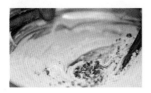

制作蛋糊 * 酥肉的蛋糊十分重要,口感好坏取决于蛋糊的调制,其中必须要用到红薯淀粉。蛋糊和肉的比例约为1:1。

1. 五花肉洗净,先去皮,然后再进行改刀,切成约1厘米厚、6厘米长、4厘米宽的肉片,装盘备用。

2. 姜切片、葱切段。

3. 把切好的姜、葱倒入五花肉碗里,再加入少许盐和料酒,腌制10分钟,使五花肉入味。

4. 将准备好的6个鸡蛋打入碗中搅拌均匀。

5. 把红薯淀粉倒入碗中,再次进行搅拌,搅至黏稠。

6. 在碗里放入花椒、盐、鸡精,再次进行搅拌。

裹蛋糊

7. 将腌制好的五花肉均匀地裹上蛋糊。

炸制 * 油温的控制很重要,油温过高易炸焦,油温过低,肉和蛋糊易脱。

8. 锅里倒油,油温达到120℃时,把裹满蛋糊的五花肉一片片下入油锅,炸至六成熟时捞出。

9. 锅里油温升至180℃时,再次把酥肉放入油锅,炸至熟透,酥肉变成金黄色时即可沥油捞出。

〜〜〜〜〜

　　第一次炸制起定形作用,复炸则让口感更加酥脆,这样炸好的酥肉就能外酥内嫩。油汁随着"滋"的一声溢在舌尖,那滋味,够过瘾。

牛肉焦饼

牛肉焦饼色泽金黄，皮酥脆香，馅嫩微麻，是四川人记忆中的美味。其中又以成都"三义园"的最有名气。"三义园"是旧时成都唯一一家以卖牛肉焦饼为主的小吃店，其制作者叫曹大亨，但他并不是腰缠万贯的大亨，而只是数十年站在街边小店油锅旁煎炸牛肉焦饼的哑巴师傅，故成都市民也称"三义园"的牛肉焦饼为哑巴焦饼。

扫一扫了解更多

大师教你做

徐万强

中华老字号·钟水饺特级面点师

所需食材（食材用量仅供参考）

主料｜面粉500克、牛肉500克

配料｜牛油酥150克、醪糟10克、豆豉8克、豆腐乳8克、豆瓣酱8克、姜末8克、花椒粉10克、酱油10克、葱花30克、盐3克、食用油适量

做法

制馅

制面皮

包馅 *要趁面团热时进行包馅儿。

油炸

1. 先将牛肉切成小颗粒，然后剁成肉末。在牛肉末里加入葱花、姜末、花椒粉、醪糟、压扁的豆豉、豆瓣酱、酱油、豆腐乳、适量清水，朝一个方向搅拌均匀后即成。

2. 在锅里放入牛油酥（牛油与清油制成）、清水、少许盐搅拌均匀后将其烧开，烧开后倒入面粉，不断搅拌，利用高温将面粉烫熟（500克面粉搭配150克牛油酥和350克清水）。

3. 将搅拌均匀的面粉倒在桌上进行搓揉，直到面团看起来光滑均匀，手感细腻柔软即可。

4. 将揉好的面团适量扯出，在掌心按扁，然后将牛肉馅儿包入皮内，包成圆饼形状然后在表面按三个手指印（代表张飞、刘备、关羽桃园三结义）。

5. 锅里倒食用油，油温达到180℃后放入面饼。炸2~3分钟后需要将油温控制在110℃左右继续油炸（这个时候油温不宜过高，否则外面酥脆里面却没熟），5~6分钟左右即可起锅。

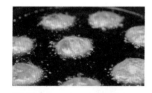

咬下第一口，口感外焦里嫩，虽外面泛着油光，但咬开薄薄的酥皮里面是很糯的面皮，酥、脆、香、软、麻、辣、鲜，各种味道一起涌出，非常美味。

赖汤圆

　　四川一直以麻辣闻名，但其实也有很多好吃的甜食。说到成都知名中华老字号小吃，必须提到的就是赖汤圆。汤圆虽小，但叙述着多少市井传奇故事。一道名小吃，承载这座城市无数的记忆。

　　赖汤圆创始于1894年，迄今已有百余年历史。创始人赖元鑫本是四川资阳东峰镇人，由于父母双亡，便跟着堂兄来到成都一家饮食店当学徒，后来得罪老板，被辞退。困于生活压力，赖元鑫找堂兄借了几块大洋，挑起担子卖汤圆。他做的汤圆粉磨得细，馅心糖油重，卖完早堂，赶夜宵，苦心经营。直至20世纪30年代才在总府街口买了间铺面，取名为"赖汤圆"。

扫一扫了解更多

大师教你做

李明成

中华老字号·赖汤圆非物质文化遗产第三代传承人

所需食材（食材用量仅供参考）

主料｜糯米2000克、清水1000克

配料｜芝麻510克、熟猪油500克、白糖500克、炒过的面粉500克

做法

制粉浆 * 糯米在夏季浸泡时间可稍短一些，冬季浸泡时间可稍长些。

制馅儿

包馅

煮制

1. 将糯米淘洗干净，用清水浸泡两天。每天换水2~3次，以免发酸。

2. 磨浆前，用清水将糯米淘洗至水色清亮。

3. 用石磨将浸泡后的糯米磨成很细的粉浆，边磨边加水。

4. 把粉浆装到专门的布袋里吊干，当地人称吊浆粉子。

5. 将吊干的粉加入适量清水揉匀，即为汤圆皮。

6. 选取上好芝麻，将芝麻淘洗干净后，放置锅中用小火炒出香味。

7. 将炒好的芝麻倒入石椿内捣成细末，倒在案板上。

8. 在芝麻末里加入熟猪油、白糖和炒过的面粉，揉搓均匀，切成小方块，即成馅心。

9. 将之前制作好的吊浆粉子压成一个个皮坯。

10. 包入馅心，捏拢封口，搓圆即可。

11. 用旺火沸水，下入汤圆。保持大火煮至汤圆浮起，立即调成微火，保持水沸而不翻腾，煮2~3分钟后即可。（根据自身汤圆大小来判定煮制时间）

赖汤圆的美味延续至今，自然不是靠着这个故事，而是因为本身具有的好味道。赖氏的汤圆煮时不烂皮、不露馅、不浑汤，吃时不粘筷、不粘牙、不腻口，滋润香甜，爽滑软糯，深受食客的喜爱。

汤圆的馅料，从最开始的黑芝麻逐渐增加了玫瑰、冰橘、枣泥、桂花、樱桃等十多个品种。吃时配以白糖、芝麻酱蘸食，更是别具风味。在店里，慕名而来的食客络绎不绝，是成都最负盛名的小吃之一。

百合酥

如今的宫廷菜，精致又考究，既带着皇家雍容华贵的气质，极富艺术美感，也代表着前人所创造的高超烹饪技艺，是劳动人民聪明才智的结晶。百合酥作为宫廷糕点，与荷花酥有异曲同工之妙。其用猪油、面粉、糖等制作而成，颜色淡雅，形似盛开的百合花，自然展开的"花瓣"，层次分明，惟妙惟肖，咬上一口酥松裹上香甜，别有一番风味，是一道老少咸宜的甜点。

扫一扫了解更多

大师教你做

徐万强

中华老字号·钟水饺特级面点师

所需食材（食材用量仅供参考）

主料｜面粉1500克、猪油600克、清水225克、白糖125克

配料｜冬瓜糖少许、蜜枣少许、芝麻少许、花生少许、猪油适量（炸酥用）、胭脂糖适量

*干果放入无须太多，主要是增香。

做法

和馅料

和酥面

和油水面

制作生坯 * 割生坯时需注意深浅，太深，容易露馅，太浅，不容易开花。

下锅油炸

1. 将准备好的蜜枣、冬瓜糖切细，花生碾碎。
2. 将处理好的食材倒入面粉中，再加入芝麻、白糖和猪油，揉成面团（500克面粉搭配125克白糖和200克猪油，其他食材根据个人口感适量加入）。

3. 面粉在案板上堆成小山，中间挖出一个"凹"形。
4. 放入猪油，揉匀成面团（500克面粉搭配275克猪油）。

5. 面粉在案板上堆成小山，中间挖出一个"凹"形。
6. 放入猪油、清水，揉匀成面团，油水面团和酥面团的软硬度要基本保持一致（500克面粉搭配125克猪油和225克清水）。
7. 将揉好的油水面分成大小均匀的小面团。
8. 取合适大小的酥面包进油水面的面团中，在掌心搓成长条。
9. 将长条擀成长片后卷起来，再按扁。
10. 将馅料包入面皮中，封口后稍微搓一下。
11. 将包好馅料的面团割3刀，用小刀从6个不同的方向割开，三刀六瓣，完成这一步，百合酥的生坯就制好了。

12. 在锅里倒入猪油，油温烧至140℃时将百合酥生坯下锅。
13. 等到生坯全部开花后，再炸1～2分钟即可起锅。
14. 起锅后撒上胭脂糖即可上桌。

天鹅酥

　　鹤鸣茶社，拥有百年历史的老茶社，历经战争洗礼依旧屹立于成都人民公园，并在互联网的加持下，焕发出新的生机。

　　清晨，在人民公园的鸟叫声中，木桌子、竹椅子依次铺开，热水壶摆了一排，三三两两的"老成都"几十年如一日，背着手，提着鸟笼，悠闲地走过来，找到老位置坐下，冲一碗盖碗茶，和旁边的人聊天，打发时间。

　　中午，送走了喝早茶的老人，收拾收拾，鹤鸣茶社准备迎接新的客人。下午茶是年轻人和外地人的挚爱。打卡的网红、慕名而来的游客、找地方消磨时间的年轻人、操着一口不太流利的普通话的外国人，汇聚在鹤鸣茶社。冲一碗盖碗茶，点一份精致茶点，拿出手机拍照分享，靠在竹椅上，入乡随俗，享受老成都的乐趣。

　　为了满足年轻人的需求，鹤鸣茶社的茶点也在与时俱进。天鹅酥，就是鹤鸣茶社在传统面点技法与审美上做出的一次创新，不仅追求形似天鹅，味道上也照顾到四川人的口味，外酥内香，配上茶香的清新，回味无穷！

　　以小见大，从鹤鸣茶社看现在的成都，一座城，两个世界，老三环，新城南，最古老的历史和最新潮的文化都在这里生根发芽，看似平行，却互相融合，互相成就。

大师教你做

祝元清

中华老字号·钟水饺非物质文化遗产第四代传承人

扫一扫了解更多

所需食材（食材用量仅供参考）

面皮｜高筋面粉500克、白糖50克、鸡蛋1个、水180克、猪油、墨鱼汁（黑天鹅使用）

油芯｜猪油300克、黄油100克、起酥油100克、低筋面粉500克

馅料｜食用油适量、青花椒10克、烤鹅肉
400克、杏鲍菇100克、香菇80克、
木耳50克、酱油5克、甜面酱15克、
芝麻少许、面团少许（制天鹅的颈部）

做法

制水油皮

制油芯

1. 高筋面粉、白糖、鸡蛋、猪油和水依次加入，混合在一起，使用传统揉面技法，顺着一个方向来回大力揉搓，揉到面团光洁。

2. 将揉好的面团搓成长条，进行捧打。

3. 起酥油在案板上用力来回搓，搓到更加细腻，直到没有颗粒状。

4. 在猪油、起酥油和黄油中筛入低筋面粉，使用上下叠和按压的方式，将油和面粉进行完全的融合。

5. 做好后，铺上保鲜膜放到冰箱稍微冷藏一下，更易操作。

擀酥皮 * 面皮叠起来的时候注意要刷掉表面面粉，可以在表面喷少量水，有利于黏合。

炒馅料

包天鹅酥

炸制 * 天鹅的颈部是用面团捏出形状后，放入烤箱烤制而成。

6. 将油芯放在水油皮上，用水油皮完全包裹住油芯。

7. 用擀面杖将其擀成长约48厘米、宽约28厘米的酥皮，切去两头不规则的边，叠成四叠。

8. 再次来回擀压至长约52厘米、宽约30厘米。

9. 酥皮切成宽约5厘米后，层层叠起。

10. 将叠好的酥皮黏合在一起，顺着纹路切成薄片，再稍微擀开，用模具压成花边圆形。

11. 锅内放食用油，倒入切碎的青花椒、烤鹅肉、杏鲍菇、香菇和木耳。

12. 加入适量酱油和甜面酱炒香，勾薄芡后便可出锅。

13. 馅料放在酥皮中间，慢慢将面皮捏合，塑形，使其看起来更像天鹅。酥皮的方向不能放反，馅料一定要饱满才撑得起形状。

14. 将包好的天鹅酥身体部分放入油锅中，油温140℃浸炸1分钟。

15. 炸到定形后，再马上将油温上升到150~160℃，炸到起酥、吐油。

16. 将天鹅的身体和颈部组合装盘，撒少许芝麻作装饰，就是一道完整的天鹅酥。

〰〰〰〰〰

　　黑天鹅和白天鹅的区别，就藏在第一道制作水油皮的工序中，混合面粉时加入天然墨鱼汁进行染色，即可得到黑色水油皮。

　　天鹅酥的表面是层层酥皮，酥香可口不油腻，内馅能吃到明显的烤鹅肉和菌菇，麻香四溢、咸鲜诱人，与清新精巧的造型形成反差，在碰撞中融合，衍生出奇异的和谐感。

破酥包

用手掰开蒸好的破酥包，包子皮表面松软有韧性，内里层次分明，雪白的面皮如莲花花瓣层层绽放，香气扑鼻，赏心悦目。叉烧臊咸甜兼备，肉粒颗颗分明，提前过油炸制使得风味更为独特。一口下去，回味悠长。

大师教你做

喻利楼

中式面点高级技师

扫一扫了解更多

所需食材（食材用量仅供参考）

面粉｜中筋面粉500克

和面配料｜牛奶250克、白糖50克、酵母5克、盐适量

叉烧臊｜食用油适量、猪腱子肉500克、老姜10克、大葱15克、胡椒粉1克、白糖4克、料酒3克、酱油5克、盐2克、葱花100克、鸡精1克、味精1克、姜末适量

配料｜猪油适量、小苏打适量、面粉适量

做法

和面 * 高筋面粉不易揉匀，低筋面粉揉面容易散乱，所以使用中筋面粉；牛奶代替自来水，能起到增白增香的作用；酵母的用量也不一定，四川夏天用4~5克比较合适，包子要起层，面团就干一点。

制叉烧臊

做包子

1. 中筋面粉在案板上堆成小山，中间挖出一个"凹"形。

2. "凹"形中放入酵母、盐和白糖，少量多次地倒入牛奶，慢慢和匀。

3. 面团揉匀至三不粘的状态，即"不粘盆、不粘手，不粘刀"。装在容器内，放在装了温水的盆中，保鲜膜连盆一起包裹起来醒发。温水可以让酵母快速生长。受面粉和气温等因素影响，醒发的时间并不统一。

4. 猪腱子肉切厚片，用老姜、大葱、胡椒粉、白糖、料酒、酱油、盐进行腌制。

5. 锅内倒食用油，加热至150℃，腌好的肉和腌料一起下锅炸至断生，捞起。

6. 将炸好的肉先切条，再切片，最后切成指甲盖大小，加入适量酱油、姜末、葱花、鸡精、味精和盐充分搅匀。

7. 醒好的面团擀成厚薄均匀的面皮，用猪油均匀涂抹，撒上小苏打和面粉。小苏打的加入可以让面团保持蓬松，蒸出来的包子更有立体感，且味道不发酸。

8. 将面皮从一端开始向内卷，卷成长条，再揪成大小适中的面剂子。

9. 面剂子按扁，擀成包子皮，包上馅料，上锅蒸15分钟即可。

〰〰〰

四川的破酥包，重点则在包子皮。而包子皮起酥的关键，在于猪油、干面粉和揉面擀面的技巧，处处都是细节，每一步都有讲究。比如：揪下来的面剂子横放，方便擀皮时把两边的部分往中间收，可以保持中间的层次不变。

凤尾酥

在四川的街头走一走，各种点心琳琅满目，包装简单，外表平凡，像蛋烘糕、糖油果子，乍一看不怎么精致，透露着一股随性洒脱的市井气。于是给很多不了解四川的人造成了误解，认为四川的点心好吃但难登大雅之堂，却不知道四川的糕点精致起来，不仅好吃还"仙气飘飘"，比如这道凤尾酥。凤尾酥流传至今一两百年，期间除了传承，还有食材和做法上的改良，真正做到洁白精致，像凤凰的尾羽一样漂亮。

大师教你做

喻利楼

中式面点高级技师

扫一扫了解更多

所需食材（食材用量仅供参考）

主料｜无筋面粉200克、沸水200克

配料｜黄油100克、咸蛋黄3个、豆沙适量、食用油适量

做法

烫面

1. 将无筋面粉倒入沸水中充分搅拌，让沸水把面烫熟，趁热揉成面团。面粉和沸水的比例为1:1。

揉面

2. 面团趁热，分多次加入黄油揉开，让油和面团充分融合。黄油的量是面团的一半。

3. 熟的咸蛋黄用刀背压散，在滤勺中压细过滤，再放入面团中揉捏均匀，直到面团光滑。

塑形

4. 将豆沙捏成拇指大小，取一块面团将其包裹。

5. 面团捏成下大、中窄、上宽的斧头形，保证每个面团的厚薄、大小都均匀。

炸制

6. 锅内倒食用油，油温达到180～200℃时，将塑好形的面团放在滤勺中沉入油锅。

7. 用筷子固定面团，先把带馅的部分浸入油锅，保持一上一下的频率炸制。再突然下沉，将面团整体浸入油中，炸出整体向上的，飘逸的网状结构。

　　炸好的凤尾酥外表呈现淡淡的金黄色，丝丝缕缕向上散开，像洁白的凤尾，又像亭亭玉立的少女，真正做到形神兼备。味道也是酥香诱人，趁热尝一块，豆沙鲜甜柔软，淡淡的咸蛋黄香气刚好中和甜味，好吃不腻。

怪味花仁

怪味在外地都是指不怎么好闻的奇怪味道，但是在川渝人眼里，怪味就是"王道"。怪味，是川菜24种传统味型之一，也是川渝菜特有的味型。在四川，怪味的菜有很多，棒棒鸡、怪味酥鱼、怪味兔、怪味扇贝、怪味鸡片、怪味花仁等。

其中怪味花仁，就是从怪味胡豆演变而来，是怪味糖粘菜的代表之一。麻、辣、甜、咸、鲜、香杂糅在一起，味道鲜明又出奇地和谐。看似简单，食材便宜，但做起来却非常考验厨师对火候和调味的把控。刚做好的怪味花仁，糖汁厚薄均匀，裹得恰到好处。

糖粘得先用水炒糖，使糖融化成液体。随着炒制的继续进行，水分受热不断蒸发，这时将食材与味汁进行粘裹。待水分基本蒸发完，味汁又变成了固体，紧紧地黏附在原材料上。糖粘就是这么一个过程。

——摘自《细说川菜》

大师教你做

梁长元
国宴级川菜元老、川菜特一级烹调师

扫一扫了解更多

所需食材（食材用量仅供参考）

主料｜白味炒花生米300克

配料｜清水300克、白糖200克、盐2克、干辣椒
粉30克、花椒粉2克、甜面酱50克

做法

熬糖汁

1. 锅里加入300克水，加入白糖，不停搅拌，直到糖汁浓
   稠，表面起鱼眼泡。

调味

2. 在糖汁中放入盐、干辣椒粉、花椒粉和甜面酱，搅拌均
   匀。甜面酱的作用是提供酱香味。

裹糖汁

3. 下入剥好的白味炒花生米，快速搅拌均匀，使花生裹上
   糖汁。

4. 锅离火，持续搅拌花生，直到花生表面起白色粉末状的
   糖霜，即可装盘。

~~~~~~

　　炒糖汁的锅不能沾油，只有拔丝类的菜才需要放油炒。倒入花生米进行粘裹的时机，以糖汁表
面鼓大泡时为最佳。花生米裹好糖后，放在通风的地方或直接用风扇吹凉，让怪味花仁迅速冷却，
能保持香脆。

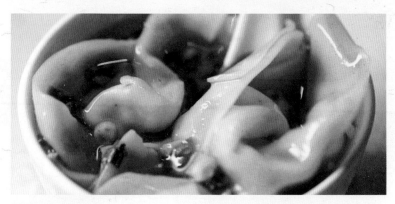

龙抄手

　　成都的小吃闻名遐迩，不仅名目繁多，而且每一样都特色鲜明，从清晨到深夜，从火锅到清茶，从路边摊到苍蝇馆，成都的美食绝不带重样。但要说起最地道和知名的成都小吃，当然少不了具有浓厚历史底蕴的老馆子——龙抄手。

　　抄手，北方多称为馄饨（亦作混沌），山东也有地方称为馉饳，广东则称其为云吞。在四川，由于它的外形颇似人们在冬季为避寒而将两手抄在怀中的形象，所以馄饨又被这里的人们称作了"抄手"。龙抄手作为四川传统名小吃，经常出现于各种美食推荐中。成都春熙路上的龙抄手总店里，每天络绎不绝的食客，足够彰显出龙抄手在"成都小吃"中的地位。

　　龙抄手起源于20世纪40年代，是成都的一家传统老店，到现在已经有70多年的历史了。但很少有人知道它的创始人原本是开茶社的。当时，浓花茶社的张光武等几位伙计商量合资开一个抄手店，取店名时就谐"浓"字音，也取"龙凤呈祥""龙腾虎跃"之意，定名为"龙抄手"。最早的龙抄手，于1941年开在成都的悦来

场，20世纪50年代初的时候迁到了新集场，60年代后又迁到了成都最繁华、兴隆的商业街——春熙路，也就是现在总店的地址。

大师教你做

张贵荣

中华老字号·龙抄手白案总顾问

扫一扫了解更多

所需食材（食材用量仅供参考）

面皮｜面粉800克、盐5克、鸡蛋1个、清水80克

底汤｜猪棒骨1000克、鸡肉1000克、猪肚500克、猪舌300克、猪心300克、大葱段100克、姜片100克

馅料｜猪前夹肉400克、猪后腿肉400克、姜汁32克、盐4克、鸡蛋2个、鸡精适量

*肉的肥瘦比例为 3：7。

做法

擀面皮

1. 面粉在案板上堆成小山，中间挖出一个"凹"形。

2. "凹"形内放入盐和1个鸡蛋，再加清水调匀，揉和成面团。

3. 将揉好的面团放在案板上，擂成枕头型，再用擀面杖用力擀开。

4. 面擀平之后，卷到擀面杖上，转着擀面杖继续擀面，注意用力均匀。重复这一步，直到擀成一张薄薄的大面皮。期间不时撒上干面粉，避免面团与擀面杖粘连。

5. 将擀好的薄面皮摊开，再一次用擀面杖擀成像纸一样薄的面片。将面片折叠起来，切成四指见方的抄手皮备用。

制底汤

6. 锅里准备清水，加入猪棒骨、鸡肉、猪肚、猪舌、猪心、大葱段、姜片，大火烧开后打去表面的浮沫，慢火熬制2~3小时。

制肉馅

7. 将猪前夹肉和猪后腿肉洗净后剁成肉末。在肉末里加入盐、姜汁、鸡精、鸡蛋搅拌均匀。

下锅煮熟、拌好底料

8. 将包好的抄手放入锅中清水煮熟，再调上自己喜欢的底料，十足美味！

　　之所以龙抄手的美味能征服众人，离不开它在烹饪里下的功夫。自古做抄手时都讲究三点：皮薄、馅嫩、汤鲜。皮用的是特级面粉加少许配料，细搓慢揉，擀制成"薄如纸、细如绸"的半透明状；肉馅讲究不细嫩滑爽，香醇可口；原汤则是用鸡、鸭和猪身上不同部位的肉，经猛炖慢煨而成。皮薄馅嫩，爽滑鲜香，汤浓色白的龙抄手，是老成都们曾经引以为傲的早餐。

图书在版编目（CIP）数据

大师的菜 地道川菜 /《大师的菜》栏目组编著
. —北京：中国轻工业出版社，2023.9
ISBN 978-7-5184-4402-1

Ⅰ.①大… Ⅱ.①大… Ⅲ.①川菜—菜谱 Ⅳ.
① TS972.182.71

中国国家版本馆 CIP 数据核字（2023）第 057333 号

责任编辑：张　弘
文字编辑：谢　兢　　　　　责任终审：李建华　整体设计：锋尚设计
策划编辑：张　弘　谢　兢　责任校对：宋绿叶　责任监印：张京华

出版发行：中国轻工业出版社（北京东长安街6号，邮编：100740）
印　　刷：北京博海升彩色印刷有限公司
经　　销：各地新华书店
版　　次：2023年9月第1版第3次印刷
开　　本：710×1000　1/16　印张：14
字　　数：200千字
书　　号：ISBN 978-7-5184-4402-1　定价：69.80元
邮购电话：010-65241695
发行电话：010-85119835　传真：85113293
网　　址：http://www.chlip.com.cn
Email：club@chlip.com.cn
如发现图书残缺请与我社邮购联系调换
231167S1C103ZBW